忍耐力　判断力　創造力　記憶力　集中力

子どもに習い事をさせるなら そろばんからはじめなさい

沼田紀代美
NUMATA KIYOMI

幻冬舎MC

集中力　記憶力　創造力　判断力　忍耐力

子どもに習い事をさせるなら
そろばんからはじめなさい

はじめに

子どもの能力を引き出し、将来につながる習い事は何なのかと悩む親は多いものです。ピアノが脳を育てる？　これからは英語ができないとダメ？　それとも友達と同じプログラミング教室にしようかな……。

できるだけ多くの習い事をさせたくても、保育園や幼稚園に通わせながら習い事に割ける時間は限られています。しかも習い事の費用もばかになりません。子どもが複数いたら、その人数分だけ時間もお金もかかります。

子どもに習い事をさせるなら、能力を最大限に引き出してくれるものを厳選したい。そんな親の願いを叶える、最適な習い事が本書のテーマである「そろばん」です。

私はこれまで24年にわたって、そろばんと関わる仕事をしてきました。１９９８年に「いしど式そろばん教室」を運営する株式会社イシドに入社して以来、複数の教室での勤務を通じて延べ2万人を超える子どもたちの成長を見守ってきました。また、「インターネットそろばん学校」を設立し、フランチャイズ事業などに携わることで、そろばんを多くの子どもたちに広める活動を行い、２０１１年から株式会社イシドの代表取締役社長を務めています。１９７３年に創業した「いしど式そろばん教室」は現在、全国に３００校超の教室を有し、約2万人の子どもたちがそろばん学習に励んでいます。

江戸時代には「読み・書き・そろばん」といわれたように、そろばんは古くから計算力を高めるためのものとして教育に用いられ、昭和の時代には習い事の定番として親しまれていました。しかし、計算機が登場しＩＴが進化するのに伴って、そろばんを習い事として選択する親は減っていきました。ところが昨今、脳科学の分野でその効果が再び注目を集めているのです。

例えば、そろばん学習では、指先を細かく動かすと同時に視覚も使うことで脳が活性化されます。また、右脳を刺激し続けることで、創造力や問題解決能力、ヒラメキが生まれる土壌がつくられます。さらには問題を解くたびに達成感が得られ、それによりドーパミンの放出が促されて意欲や集中力が高まることも科学的に立証されています。実際、いしど式そろばん教室で自らの能力を開花させる子どもたちを私はたくさん見てきました。

本書では、そろばんがどのように子どもの能力を引き出すかを、いしど式そろばん独自のメソッドを通じて紹介していきます。また、都立駒込病院脳神経外科部長で脳外科医の篠浦伸禎先生に、脳科学の観点からそろばんの有効性について解説していただきました。

本書が皆さんの習い事選びの一助になれば幸いです。

沼田紀代美

目次

第1章 子どもの能力を引き出すには、どんな習い事を選ぶのが正解？

第2章

脳科学者も注目している そろばんと脳の関係

第3章

集中力、記憶力、創造力、判断力、忍耐力 子どもの能力を最大限に引き出す〝いしど式そろばん〟

第4章

しつけや心の教育にも役立つ 〝いしど式そろばん〟がもつさまざまな効果

第5章

受験に合格、仕事で成功、海外で活躍！ “いしど式そろばん”で能力を引き出せば輝かしい将来が待っている

第1章

子どもの能力を引き出すには、どんな習い事を選ぶのが正解？

何を習わせたら、子どものためになる？

習い事をさせるなら、子どもの能力を最大限引き出すものを選びたい。

皆さん、そんなふうに考えます。まだ自分の意思がはっきりしない子どもに、どのような習い事をさせるのがいちばんいいのか、それを決めるのは難しい問題です。何が好きかも、何が得意かも分かりません。特に小さな子どもの初めての習い事となると、何を選べばいいのか迷ってしまう人がほとんどです。


そして社会的な変化も、親を悩ませる要素となっています。

ほんの四半世紀ほど前までよりもはるかに、現在の子どもたちの未来は不確かです。2013年に英国オックスフォード大学のマイケル・オズボーン准教授とカール・ベネディクト・フレイ博士は「米国において10〜20年内に労働人口の47％が機械に代替可能」と試算し、日本でも大きく報道されました。ＣｈａｔＧＰＴが大きな話題となっている現在、もしかするとこの数字はさらに上昇しているかもしれません。

今の子どもたちが大人になる頃には、世の中の仕組みがガラッと変わってしまっている可能性もあります。子どもの将来に何が役立つかが見えない混沌とした時代では、なおいっそう子どもの習い事選びに頭を悩ませることになります。

一昔前であれば、いい学校、いい会社に入るために、学力をつけることが安定的な将来を導くための王道の方法でした。しかし、この道はすでに揺らいでいます。いい学校やいい会社に入っても、少しも幸せにはなれません。忙しく働くだけで、それがやりがいや給与にも反映されません。

このようななか、習い事の選び方にも変化が見られるようになりました。語学をはじめとした直接的な技術や資格を手に入れるだけでなく、もっと抽象的な力を求めるようになってきたのです。

それは幼児教育の分野も同じです。単に先取り的な学力をつけるプログラムではなく、もっと子どもの可能性を広げるようなユニークな教育に注目が集まっています。例えば、レゴ®スクールで行われているブロック教室もその一つです。ブロックを使うと数や色について学べるだけでなく、空間認知能力や創造性を高めることができます。単に知育ではなく、発想力を豊かにすることが視野に入っているのです。また、パズル教室も新しい習い事です。パズルが習い事になるのか、と驚く人もいるかもしれません。一昔前までは、お金を払ってパズルを習おうという人などいませんでしたが、現在は図形の認知能力や理数的な思考力を高める習い事として話題となっているのです。同時に芸術的な側面を養うことができるのも興味深いところです。理数脳とアートを同時に扱えるのが、今風だと思います。近年、STEM教育、つまりScience（科学）、Technology（技術）、Engineering（工学）、Mathematics（数学）が大いに注目されていますが、これらの科目にArt（芸術）を加えた「STEAM」も注目されています。理数分野と芸術は非常に近いものとして扱われるようになってきているのです。

未来への不透明感が増すなかで、このように新しい習い事が誕生し、選択肢はますます増えています。

「子どもの好きなことをさせるのがいちばん」ではない

これまでは、習い事は子どもの好きなことをさせるのがいちばん、という考え方が一般的でした。

サッカーやバレエ、ピアノは習い事のなかでもポピュラーなものですが、果たしてこれらは本当に子どもが好きだったかといえば、必ずしもそうとは限りません。子どもがやりたいと思うもの、興味を持つものというのは、親が興味関心を持っているものが多いのです。または今、ブームになっているもの、例えばサッカーや野球で日本人が国際的に活躍していると、そのスポーツをやりたいと思う子が増えます。

子どもの世界というのは、親が思っている以上に狭いものです。ほとんどが家と幼稚園・保育園、小学校に限定されます。そのため、子どもが興味を持ったことをさせたいといっても、子どもはそもそもたくさんの選択肢のなかから選べるわけではないのです。知らないことには興味を持つことができないからです。

そういった意味では、子どもの好きなことにとらわれず、新たな習い事を経験させることも選択肢の一つです。子どもの視野を広げ、新たな興味や才能を発見する機会を与えることにもなります。

子どもの好きなことだけに焦点を当てていると、他の重要なスキルや能力の開発がおろそかになる可能性があります。例えば、音楽に興味がある子どもに対して、スポーツや美術などの異なる分野の経験も提供することで、総合的な能力の発達を促すことができます。新たな分野に挑戦することは、子どもが自身の限界を超え、成長する機会であるとも考えることができます。

好きなことと、得意なことは違う

子どもの成長と発達において、子どもの好みや得意なことは重要な要素です。しかし、子どもたちが好きなことと得意なことは必ずしも一致しない場合があります。

好きなことは、子どもが興味をもち、楽しんで行う活動や趣味を指します。一方、得意なことは、子どもが優れた能力や才能をもっている分野やスキルを指します。

好きなことと得意なことは同じになるのではないかと思う人がいるかもしれませんが、これらが一致しないのは、好みは主観的であり、子どもの個性や興味によって決まるからです。そしてさまざまな経験や環境に触れることで好きなことが変わる場合もあります。

一方、得意なことは、能力や才能に基づくもので、得意なことを通じて自信が得られます。

子どもは好きなことに取り組むと、モチベーションを高められます。また、得意なことに挑戦すれば、子どもの自己肯定感を高められます。

もちろん好きなことと得意なことが一緒なら、何を習わせるか、親は迷う必要はありません。気がついたらいつも絵を描いている、時間を忘れてボールを蹴っているといった様子が見られたら、まずそれをさせてみることが大切です。

盲目のピアニスト、辻井伸行さんの母・いつ子さんは、生後8カ月の頃の伸行さんがブーニンが弾くショパンの『英雄ポロネーズ』を聞くと、脚をバタバタさせ体を使ってリズムを取っていた、といいます。2歳3カ月でおもちゃのピアノでメロディーを弾き始めた伸行さんを見て、「好きなことを伸ばそう」と決めたそうです。

天才ゴルフ少女の須藤弥勒ちゃんも、同じです。

お父さんは最初、弥勒ちゃんのお兄さんにゴルフを教えていました。しかし、お兄さんはあまり好きではなかったのかすぐにサボってしまいます。手持ち無沙汰になったお父さんは、1歳半でやっと歩くようになった弥勒ちゃんに、ゴルフクラブを持たせてみました。すると、1回目からボールの芯を見事にとらえたのです。その後も夢中になってゴルフ遊びをする弥勒ちゃんの姿を見て「この子は何かもっている!」と思ったといいます。

ピアノでもゴルフでも、それが好きで、他の子より秀でていることが分かったら、それを続ければいいのです。

親ができることは、生活のなかで子どもが何が好きなのかを観察することです。音楽なのか、運動なのか、お絵かきなのか、数字なのか、子どもをよく見ていると、その子の能力が伸びそうなことが分かるようになります。それが少しでも分かれば、それに合わせて環境を整えるとよいのです。

ある家では、リビングに小さな鉄棒が置いてありました。元気な妹がいつでも体を使えるように、ということです。妹が鉄棒にぶら下がって遊んでいる横で、お姉ちゃんは本を読んでいます。同じ環境にあっても、子どもの興味の向く先は違うのです。

習い事は人格の根幹をつくる

習い事は長く続けることが多いので、子どもの人格形成に持続的な影響を与えます。習い事選びを適切にしていない場合、子どもに強い挫折感や長期的なストレスを与えることにもなりかねません。

親の気持ちや周囲の友達がやっているからといった安易な理由で、ある特定の習い事に固執してしまうと、子どもの視野を広げ多様な興味を持たせる可能性を狭めてしまう恐れがあります。また本当に子どもに向いている習い事や、他の重要なスキル、知識などを習得する機会を奪ってしまう可能性もあります。

子どもは多様な経験を通じて成長し、自分の能力を磨きます。そして、自分に合わない習い事によって幼い頃に受けた挫折感やストレスなどは、知らず知らずのうちに子どもを自信のない子や消極的な子にしてしまう可能性もあります。

習い事の選択を慎重に行うことは、子どもの将来にわたる人格形成においてポジティブな影響をもたらします。

IQではなくEQを育む

また、習い事では粘り強さや諦めない心をも育てることができます。粘り強さや諦めない心は、心の知能指数に含まれます。これはEQ（Emotional Intelligence Quotient）と呼ばれ、「心の知能指数」と訳されています。EQはアメリカの心理学者P・サロベイとJ・メイヤーが提唱したもので、感情のコントロール、共感力、自制心、決断力など、社会において大切であるとされるものが含まれています。現在では「非認知能力」という言葉で、広く使われています。保育園や幼稚園などで非認知能力の大切さについて聞いたことがある人もいるかもしれません。

最近は、習い事にＩＱ（Intelligence Quotient）、つまり一般的な学力ではなく、ＥＱを求めている保護者が増えてきました。

若い親世代の人のなかには、「これまでＩＱが大切だと思っていたけど、社会で必要なのはＥＱだった」ということを、身をもって感じているのかもしれません。実際、企業は非認知能力の高い人材を確保しようと必死です。

とはいえ、感情のコントロール、共感力、自制心、決断力といったつかみどころのない能力をどのように身につけさせたらいいのかというのは、実は非常に難しい問題で、多くの保護者が頭を悩ませています。その悩みが、どんな習い事を選んだらいいかという悩みにつながっているのです。

早いうちからの詰め込みには注意が必要

かつては、早期教育が子どもの可能性を広げたり、能力を向上させたりするのに良いと重視される風潮もありました。しかし、最近では本当に早期教育に効果があるのかと、疑いの目が向けられるようになってきました。幼い頃の詰め込みは、プラスどころかマイナスになる可能性が指摘されているのです。

例えば、「幼児期からの早期教育で最初は差が大きく開くが、10代になるとあまり差が目立たなくなる」「最終的な学力は本人のポテンシャル次第になっていく」という研究結果が発表されています。

将来の受験へ向けて早期から学ばせようとする人もいますが、いずれにせよただ知識を詰め込んだだけではあまり効果はありません。どんな習い事をさせるにしても、詰め込みではなく子どもの能力を伸ばすもの、将来の可能性をひろげるもの、子どもの自然な発達を促すためのものという視点で、慎重に選ぶべきです。

小学校入学時における大きな差

共感力、決断力といった感情のコントロールに関わる非認知能力は、短期間で身につけたり向上させたりすることはできません。時間をかけ、経験を通じて発達していくものです。そのため、非認知能力を高める習い事を早くから始めている子どもは、小学校入学時に他の子どもと能力的に大きな差がついています。

小学校に入ると、子どもの環境面や生活面は大きく変わります。それまでは、何でもお母さんがしてくれ、お母さんの言うとおりにしていればよかったのですが、小学校では社会という集団やルールに合わせて行動しなければなりません。

学校では授業中はじっと座っていなければなりませんし、授業が終わっても先生の話を聞いていなければ、大事な話を聞きもらして、翌日忘れ物をすることにもなります。また、学校からのお知らせを家に帰ってランドセルから出して、親に渡さなければなりません。

そのとき、非認知能力が高い子どもは、小学校入学で起こる生活の変化にもスムーズに移行でき、こういったことで戸惑いはしません。むしろ、何も言われなくても自分が何をしなければならないかといったことが分かっており、進んで動くことができます。

周りがまだ戸惑いのあるなかで、この一歩進んだ状態は自己効力感にもつながり、自分に自信をもって学校生活をスタートさせることができます。この自信は学習面での積極性につながりますし、友達づくりにも良い方向に作用します。

小学1、2年生の集団指導には難しい面がある

子どものための習い事を選ぶうえで、小学校に上がった時点での非認知能力を高めておくことを一つの道しるべとすることは、その後の学校での学習に影響する重要なポイントです。なかには、焦らず学校で教わることを普通に身につけてくれればいいと考える人もいますが、小学校で35人や40人を一度に見るような状況ではそれが難しい場合があります。特に低学年において、個々人の非認知能力の差に対して十分にフォローするのは簡単なことではありません。

小学1、2年は、子どもたちの学習能力が非常に高まっている時期です。新しい知識やスキルを吸収する能力が高く、新しいことを知りたいという気持ちも強くもっています。また、基本的な動作や技術を身につけるのに適した時期でもあります。しかし、子どもによって理解度にはばらつきがあり、特に年齢が低いほど、その傾向は強くなります。

例えば「４＋３はいくつ？」と尋ねたとき、「７！」と瞬間的に答えられる子もいれば、指を出して「１、２、３、４、５、６、７」と数える子もいます。子どもの理解度を把握し、あまり理解できていない子どもには先生が寄り添い分かるまで教えるのが理想ですが、限られた授業時間でたくさんの子どもを見ている状況では、一人ひとりに対してなかなかそういった時間が取れません。またすべての子どもの理解度や発達具合まで気にすることも容易ではありません。学校での集団指導も完璧とはいえず、難しい面があるのです。

算数という科目の構造的な問題

小学校で多くの子がつまずいてしまうのが、算数です。算数は、習った知識を前提にしないと、次の内容が分からないためなかなか挽回できません。

足し算が理解できなければ、数が集まることの意味が分からないわけですから、掛け算もできません。また掛け算ができなければ割り算を理解するのは難しく、当然、分数の計算もできません。掛け算や分数が理解できなければ、比や速さの問題は解けませんし、比が理解できなければ図形問題にも対応できません。

中学校に入って数学につまずいた子が、小学校の教科書に戻って学び直すことがありますが、それは小学校の算数の積み重ねがなければ、中学の数学は理解できないからです。

また、あまりに計算が苦手で、思考停止してしまう子もいます。例えば「台形の面積を求めなさい」という問題を解くのに必要な公式は「台形の面積＝（上底＋下底）×高さ÷2」です。この「上底＋下底」あたりでもう嫌になってしまい、考えることをやめて、解くのを諦めてしまうのです。なんとか足し算をしても、「その後、掛け算をして、さらに割り算をするなんて面倒くさい。もういいや」となってしまうわけです。

国語、算数、理科、社会と主要科目を比較したとき、分野別に独立している要素が少なく、いわゆる「積立式」の学習の代表格といえる算数は、あらゆる教科のなかで最も注意が必要なものなのです。

続けることで数の感覚が研ぎ澄まされる

算数においては、計算能力や論理構成以前に、数字に対する感覚そのものが重要になります。例えば文章問題などを見ると、自分が計算して出した数字が答えとして違和感のあるものだということに、まったく気がつかない子がいます。

・Aさんの身長は何㎝ですか？「答え　1500㎝」
・Bくんがその日に飲んだ水は何リットルですか？「答え　10リットル」
・車は時速何キロで走っていましたか？「答え　300㎞／h」

常識的に考えてこの数字は違うのではないか、ということに気づくことができず、そのまま解答してしまうのです。これらはすべて、0を1個減らせば常識的な範囲におさまります。そこにぱっと気がつくかどうか、その直感があるかどうかで、実際の試験では大きな差が生まれます。

図形問題でも、この数の感覚は役立ちます。丸の中に四角が2つある図形で、斜線で示された部分の面積を出す、といった問題のときに、直感的に「だいたい面積は1：3くらいになりそうだな」といったことが分かるのです。

このように計算前にある程度見当がつけられると、予想と違う数字が出たときに、すぐに間違えたことに気づくことができます。見当がつけられなければ、間違えたことにも気づけません。

私たちは実は、当たり前のように数の感覚を使って生活をしています。例えば週末、食品のまとめ買いに大型スーパーへ出かけるときに1週間でどれくらいの肉がいるか、野菜がいるか、果物がいるかを考えながら、どんどん買い物カートに入れていきます。「ニンジンは2袋必要かな」と、たいして計算もせずにカートへ入れることができます。これは2袋のニンジンがどれくらいの本数になるか分かっているからです。これも数の感覚の一つです。

ニンジンなどの場合は「3本×2袋」という1桁レベルの計算ですが、そろばんをしている子なら、この桁がずっと多くても計算できるようになります。直感的に読み取れる数字の桁が普通よりずっと多くなるのです。

数学などでも問題を見た瞬間に解答の数値にだいたいの見当をつけられるのは、そのためです。

したがって、幼いうちから算数の高度な問題に当たる訓練をする必要こそないものの、できるだけ数字に触れ、親しみ、数字に対する感覚を身につけさせていくことは、非常に意味があることだといえます。

古くて新しいそろばんという習い事

一昔前までは、確かにそろばんは計算するのに必要な道具でした。

しかし現在は、能力の開発、特に右脳を育てるための教育に有効な手段であるという認識が広がっています。人間の脳は「左脳」と「右脳」に分かれており、働き方が違っています。左脳は言語や計算力を司り、右脳はイメージ力や感覚を司ります。見たものを情報として整理してくれるのが右脳なのです。そろばんを習っている子どもは、普通は左脳だけで扱う数字を、右脳でも扱えるようになります。これは、数字の処理に2台のコンピューターを同時に使用するようなものです。

現在、そろばんは知育にもなり、同時に能力開発的な要素があるため、右脳教育の分野で注目されるようになってきました。知育でもあり、同時に能力開発的な要素があります。

実際、教室に入学した保護者に、「そろばんに期待していること」を聞くと、「算数の成績が上がる」「計算が得意になる」「右脳教育に期待している」といった答えが返ってきています。

最初の2つは従来どおりの知育的な面における期待ですが、右脳教育に期待をされている人もすでに一定数いることが分かります。そしてこの傾向は年々、加速しています。子どもの能力を開発したり、特に右脳を育てたりするには、そろばんはとても有効な習い事なのです。

そろばんを習うことで、ＥＱを身につけることもできます。

まずそろばんでは、自分の心と体をコントロールしなければなりません。イライラして体を下手に動かせば、そろばんの珠まで動いてしまいます。そこには常に自制心が求められます。そして限られた時間で計算を行いますから、集中力も身につきます。また、努力次第で昇級したり、競技会で良い成績をおさめたりすることもでき、目に見える形での達成感を味わうこともできます。

また、そろばんは「計算が速くなるだけだ」と、ほかに長所がないように批判する人がいます。そろばんのもたらすメリットは、実はたくさんあるのですが、たとえ「計算が速くなるだけ」だったとしても、大きなプラスになります。それは思考する時間を確保できるからです。

学校のテストや入学試験の時間は限られています。ですから計算が速ければ速いほど、問題について考える時間が増えるのです。どんなテストでも、計算間違いさえしなければある一定の点数を取ることができます。思考力のある子でも、計算が遅ければ計算に時間がかかってしまいますから、問題を解く余裕がなくなってしまいます。

最初の計算問題をすらすらと解くことができれば、調子よく文章問題へ進むことができるはずです。そういった意味でも、計算能力を高めておくことが強力な「武器」になるのは間違いありません。

第2章

脳科学者も注目している
そろばんと脳の関係

前田利家が戦で使った陣中そろばん

「いしど式そろばん」の創業者である石戸謙一（株式会社イシド会長・白井そろばん博物館館長）の話によると、そろばんの使い手として名前が残っているのは、加賀藩の祖、前田利家（1538—1599）だそうです。前田利家は安土桃山時代の武将で、豊臣秀吉の盟友として知られています。親戚関係にもあった秀吉の利家に対する信頼は厚く、最終的には五大老の一人となっています。

利家が戦においてそろばんを担当していたのが、朝鮮出兵「文禄の役」で、このとき利家は、肥前国（佐賀県）の名護屋城で後詰めに入りました。ここで、戦費の調達や兵糧の計算を行っていたのです。

このときに使用したそろばんは、「陣中そろばん」と名付けられ、現在は東京の財団法人 前田育徳会 尊経閣文庫に収められています。

当時、そろばんは伝来して間もない頃で珍しいものでしたが、戦の陣中にまでそろばんを持っていくとは尋常ではありません。利家は人一倍出費に厳しく、やりくり上手で金銭感覚に優れた武将であったといわれています。

江戸時代の数学書のベストセラー『塵劫記《じんこうき》』

江戸時代には、「読み・書き・そろばん」は庶民にまで広がり、多くの人がそろばんを使えるようになっていました。京都や大坂（当時は「坂」の字を用いました）には、そろばんを教える教室も開かれたようです。

そしてついには、そろばんのベストセラー本が誕生します。1627年に刊行された『塵劫記』は、吉田光由が著した「和算」の本です。和算は江戸時代に日本で独自に発達した数学のことです。和算では関孝和が有名ですが、この『塵劫記』を読破し、独学で学んだと伝えられています。

この書では、そろばんを使った掛け算、割り算などの計算方法を教えるだけでなく、数学的な遊びの部分が含まれており、それが人々の人気につながったようです。江戸時代はすでに、数学は遊びの域にまで達していたことが分かります。

例えば「算額奉納」は、和算の問題や解答が絵馬に書き込まれて奉納されたもので、問いを立て、それを見た誰かが解答します。神社の絵馬を媒介として、和算愛好者のコミュニケーションが行われていたのです。今でいえば、数学のソーシャルネットワークです。江戸時代は、長く平和が続いたために、武士だけではなく、商人から農民、町民に至るまで、和算を学ぶ人が多く、一種、エンターテインメントになるまで和算ブームが広がっていました。

関孝和はヨーロッパに先んじて、円周率を11桁まで計算しており、そろばんに支えられた日本の数学力は、世界でもトップレベルだったのです。

「読み・書き・そろばん」ではなく「そろばん・読み・書き」

庶民の塾である寺子屋では、「読み・書き・そろばん」が教えられていたといわれています。しかし、皆が当たり前のように唱えるこの順番ですが、実際に最初に教わったのは、そろばんだったようです。

江戸時代の初め頃の農民は、読み書きなどできません。最初にできなければならなかったのが、計算です。長男しか親の後を継げない時代ですから、農家の次男、三男は、江戸や大坂などの町に出て年季奉公して働かなければなりません。

そして仕事をしながら、そろばんを覚えます。年季が明ける、つまり奉公の期限が来るまでには計算ができるようになっていなければなりません。計算ができるようになれば、今度は読み書きも覚えます。

そろばんは最初に覚えるべきものとして、庶民の間にも広まっていったのです。

しかし、いしどの教室が始まった１９７３年、電卓が発売されたことでそろばん塾は衰退期に入っていました。また、当時は景気がいいこともあり、そろばん塾の「後取り」と目された石戸の子どもは塾を継がずに外で働きだした頃で、そろばん教室の数は減り続けていました。

石戸はそのような様子を見て、継続的なそろばん教室をどのようにつくればいいのかを考えるようになりました。自分が指導をした若い人に指導者として残ってもらいたかったのですが、そのためには個人塾ではなく、企業として形を整えていかなければなりません。教師の資格制度をつくり、自社で指導者を育てるようにしたのは、そろばん塾の継続を考えてのことです。

指と脳との関係

よく「そろばんを習っている子はかしこい」というイメージを持たれがちですが、脳科学の専門家がそろばんを習っている子をどのように考えているかを知るために、これ以降第2章の終わりまでは、『論語脳と算盤脳　なぜ渋沢栄一は道徳と経済を両立できたのか』の著者である篠浦伸禎教授に筆を譲ります。篠浦教授は日本を代表する脳外科医で、脳の覚醒下手術ではトップクラスの実績があります。

＊＊＊＊＊＊

脳は指に対応する領域が大きい

指先を動かすことは、脳の発達に貢献します。

「ペンフィールドのホムンクルス」という脳の地図を表した絵があります。ペンフィールド（1891〜1976）は、20世紀にアメリカ、カナダで活動した脳神経外科医で、脳医学の発展に大いに貢献しました。

ホムンクルス（homunculus）とは小人や人体模型を表す言葉で、ラテン語のhomo（人間）がもととなっています。

次のページの絵は、顔や体のそれぞれが、脳の感覚野と運動野のどの領域に対応するかを示した脳の地図です。絵を見ると「手」の先に「小指」「薬指」「中指」「人差し指」「親指」と続いており、感覚野のかなり広い部分を、5本の指で使っていることが分かります。

ペンフィールドのホムンクルス

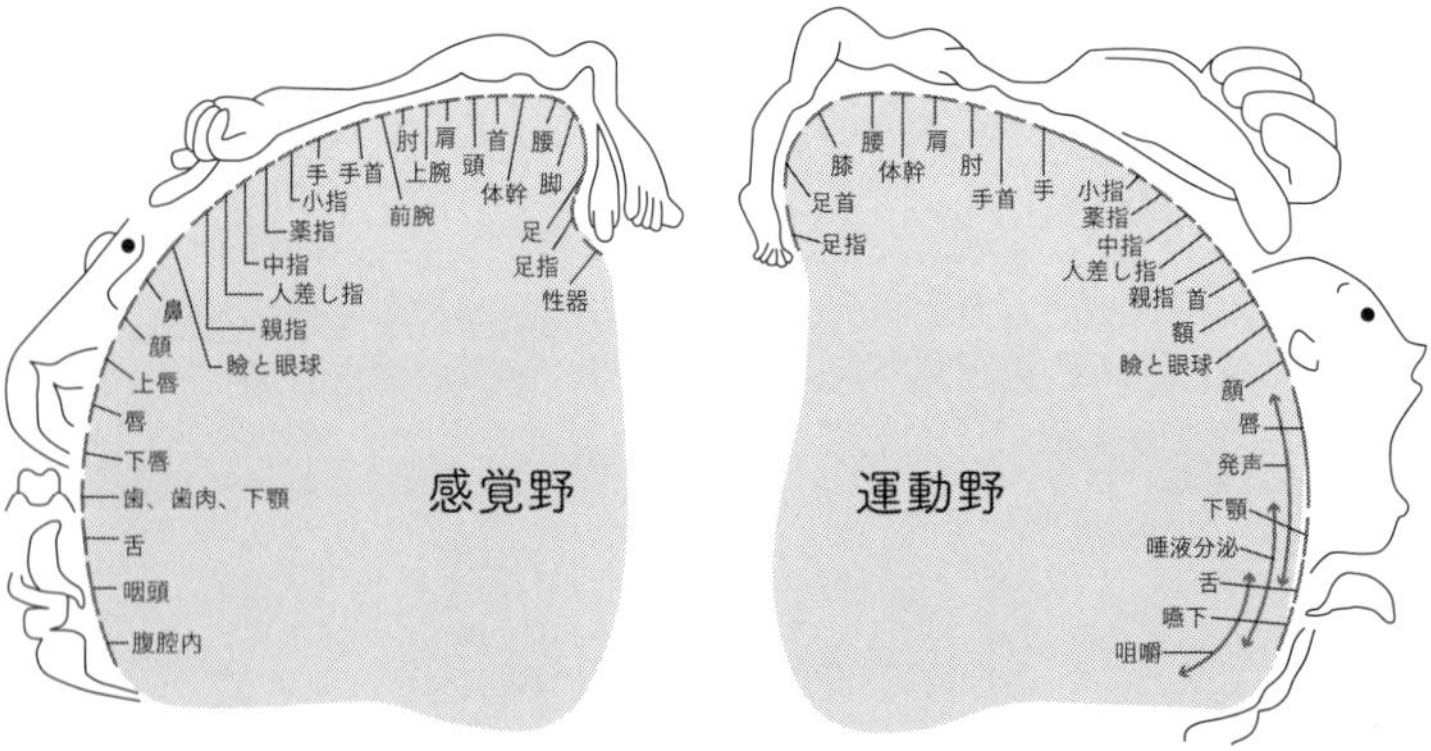

Rasmussen and Penfield, 1947 より改変

運動野も見てみると、同じように「手」の先に「小指」「薬指」「中指」「人差し指」「親指」と続いているのが分かります。これだけ広い脳の領域を、指だけで使用しているのです。つまり、指を動かすということは、それだけ脳の広範囲に刺激を与えるということなのです。

そろばん熟練者は右脳も使う

そろばんと脳に関しての論文はそれほど多くないので厳密なことはいえませんが、おそらく初心者は左脳を使い、熟練者になると右脳を使うようになるのだと考えられます。

人間の脳は「左脳」と「右脳」に分かれます。２つの脳は脳梁という線維の束でつながっています。この脳梁を通じて、左右の脳は情報を交換することができます。

「右手を上に挙げてください」と言われて手を挙げるときに使われるのは左脳です。体の右半分を制御するのは左脳の役割で、左側を制御するのは右脳なのです。

また、左脳と右脳では役割が違います。左脳が担当するのは数字や言語で、この本を読んでいるときに使っているのは左脳です。右脳が担当するのはイメージや感覚で、映像を処理するのは右脳です。字幕付きの映画を見ているとき、映像は右脳が、字幕は左脳が処理しているというイメージです。このように、私たちの脳はそれぞれの部分で役割を分けて働いています。

このように考えるならば、計算は普通左脳の担当です。

例えば、「28＋62＝」という問題を計算してみます。この答えは90です。頭の中では、「8と2を足して、1繰り上がって……」という計算が行われたはずです。頭で数字を動かしていましたから、働くのは左脳です。左脳の中でも特に頭頂葉系や角回という部分を使います。

しかし、そろばんに慣れた人の計算の仕方は違います。

頭の中に置いたそろばんの珠を弾《はじ》いて計算をします。右脳でイメージを描いて計算をしているのです。そろばんに慣れてくると、このようなことが可能なのです。

熟達してくると、暗算をするときにも右脳をメインで使うようになってきます。そろばんを習っている人が暗算をする様子を見ると、指先を動かしていますが、それは脳内に置

「28＋62」のそろばんの珠の動き方

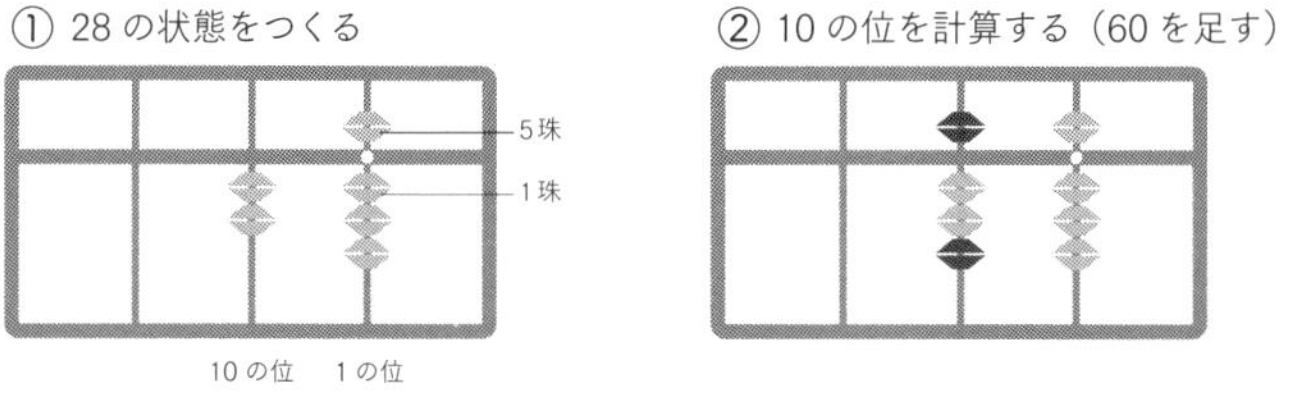

① 28の状態をつくる

② 10の位を計算する（60を足す）

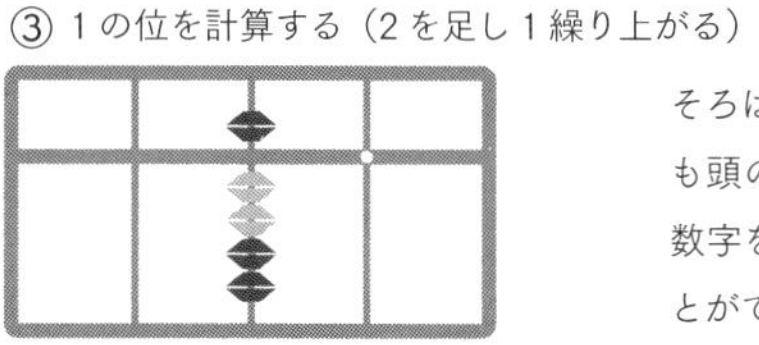

③ 1の位を計算する（2を足し1繰り上がる）

そろばんに慣れた人は、暗算をするときも頭のなかにそろばんを思い浮かべて、数字を画像としてイメージでとらえることができる。

いたそろばんを弾いているからです。熟練者の暗算は、右脳主体で行われていると思います。

このように計算に左脳だけではなく右脳を一緒に使うようになれば、ずっと速く計算をすることができるようになるのです。

私は常々、右脳は波動的なものだと考えています。波動というのは、空間や物体の一部に加えられたある変化が次々と周囲に伝わる現象で、波もその一つです。

イメージというのは、波動的なものです。脳をコンピューターにたとえると、いわゆる普通のコンピューターが左脳系で、右脳は波動で動く量子コンピューターだといえます。右脳を使うと数字を処理するスピードが圧倒的に速いのです。そろばんが上達するということは、普通のコンピューターから量子コンピューターへ進化するということです。

そろばんを使っていると、数字をイメージでとらえることができるようになります。つまり、数字を文字ではなく画像としてとらえることができるのです。

そう考えると、幼い頃からそろばんを始めるというのは、理にかなっています。なぜなら子どもはまず、右脳が発達するからです。特に6歳までの子どもは、すべての情報が一気に脳に流入してきます。最初からイメージで数字を覚えてしまうほうが分かりやすいといえます。

ある程度成長してからそろばんを習った人が、あとから少しずつ右脳が開発されていくのとは違って、早いうちからそろばんを習うことができれば、右脳を一気に開発することができるはずです。そういった意味で、幼い頃からそろばんを学べるというのは、その子にとってかなりのアドバンテージになります。

そろばんを習うことで右脳を刺激する、という考え方もできます。通常、左脳しか使わない計算という作業の際に、右脳も一緒に使うと脳の左右を同時に使うことになるのです。ほかの人よりも多く右脳を刺激することになりますから、脳の発達が促されることになります。

そろばんを習うと、両方の脳が同時に使えるようになります。脳全体を使うことができるようになる。それがそろばんが脳に与える影響です。

脳科学から見たそろばんの効果

脳は可塑《かそ》性と呼ばれる特性をもっており、経験や学習によって大きく変化します。そろばんの脳に対する刺激と、そこから得られる効果はさまざまなものがあります。

まず、そろばんは数値処理や計算に関与する脳の領域に刺激を与えます。この刺激によって、計算能力や脳の柔軟性が向上します。

また、そろばんを操作するには、手を細かく動かしますが、手の運動は脳の運動制御領域と密接に関連しており、脳内の運動制御回路を活性化させます。手を繰り返し動かすことで、脳と手の連携が強化され、ほかの学習や認知能力にもプラスの影響を与えてくれます。

そろばんに必要な集中力は脳内のネットワークの調整と関連しています。集中することで、脳の前頭葉が活性化し、情報の処理や注意の切り替えを効果的に行えるようになります。学習や認知機能の向上が期待できます。

脳内にはワーキングメモリがあり、そこでは一時的に情報を保持し処理しています。そろばんの練習は、このワーキングメモリを活性化させ、容量を大きくすると考えられています。ワーキングメモリが強化されることで、学習や問題解決能力の向上が期待できます。

さらに速く計算をしようとすることで、脳は情報処理の速度に関与する領域を活性化させます。

脳科学の視点から見ると、そろばんの練習は脳に対して多くの効果が期待できます。

『奇跡の脳　脳科学者の脳が壊れたとき』を書いたジル・ボルト・テイラーの著書から、右脳と左脳の働き方の違いを知ることができます。ハーバード大学で脳神経解剖学者として働いていたジルは、ある日脳卒中に見舞われ、左脳の機能を失いかけます。左脳が働かなくなることで、「右脳で何が起こっているのか」を自ら見つめた経験と、病気からの回復を綴ったのが本書です。ジルは右脳と左脳を次のように説明します。

右脳マインドは、この瞬間がどう見え、どう聞こえ、どんな味でどんな匂いでどう感じるか、という膨大なコラージュをつくります。瞬間は、あわただしく来てあっという間に去るのではなく、情動や思考や感情、また時には生理的な反応であふれているのです。（中略）大脳の左半球は情報を処理する方法が全く異なっています。左脳は、右脳によってつくられた内容豊富で複雑な瞬間のそれぞれを取り上げて、時間的に連続したものにつなぎ合わせます。それから左脳は、この瞬間につくられた詳細と、一瞬前につくられた詳細とを次々と比較し、きれいな直線状に並び換える作業を行ないます。

『奇跡の脳　脳科学者の脳が壊れたとき』（新潮文庫、ジル・ボルト・テイラー）

現実をありのまま見るのが右脳で、それを言語で切り取って説明するのが左脳です。そろばんでいえば、そろばんをそのまま見るのが右脳で、それを数字という言語に置き換えるのが左脳です。このようにして、そろばんは左右の脳を連携して動かすことに、一役買っているのです。

右脳が使えると、どんないいことがある？

そろばんで右脳が活性化することのプラス面はいくつもあります。なかでも私が注目しているのは、幸福感を得られるという点です。

私は脳テストによって、脳の使い方の偏りを調べています。そこで分かったのは、幸せな人は、統計的にも右脳主体の人が多いということです。一方で、病気になるほどのストレスを感じている人は、左脳主体です。つまり、右脳主体の人は幸福を、左脳主体の人はストレスを感じやすいのです。

例えばピカソの「ゲルニカ」の絵を見たときに、その絵からなにかしらのエネルギーを感じられる人と、「この絵は、スペイン内戦中に、ドイツ軍の爆撃を受けて多くの市民が犠牲になった場面を描いている」と、知識のみで説明をしてしまう人に分かれます。目に見えないエネルギーを感じられる人と、記述できる目に見える世界だけを信じる人の生き方の違いです。どちらが良くて、どちらが悪いというわけではないのですが、前者のほうが幸福度が高いということはあり得ます。

ですから右脳を刺激することは、その人自身の幸福感を上げることにもつながるのです。

私は「読み・書き・そろばん」を主体としていた幕末の教育は、かなり質の高いものだったのではないかと考えています。礼儀作法や生き方を教える教育は、右脳主体の日本人には合っており、そろばんという算数の要素もその一部として組み込まれていたのではないかと思うのです。今の学校でも、社会をよくするために何ができるかを考え、皆で協力して目標の達成に力を尽くすことで、社会に役割を持つことを意識する人に成長していけるのだと思います。しかし、明治以降あらゆることが制度化されるなかで、どんどん数値やロジックのみを重んじる左脳主体の世の中に偏っていきました。戦後はそれがさらに顕著となります。算数は右脳と切り離されたもののようになり、極端な言い方をすれば、得点を競うための道具になっていきました。

右脳は「調和」の脳です。右脳主体の教育は、人と仲良くすることができる力を育みます。それぞれが自分の役割を果たすことを重んじられるようになるのです。左脳主体では目に見える数値的評価にとらわれがちになり、自分自身の評価をいかに優先して高めるか、という考え方になりがちです。右脳主体の教育を行えるそろばんは、人生をより幸福に過ごすためのカギとなり得るのです。

そろばんで、脳の機能を維持する

年を取ってくると、脳の機能が少しずつ衰えてきますが、そろばんをすることで、脳機能の維持が期待できます。

そろばんを使って数字を扱うことで、脳は数字処理に関わる領域を活性化させます。この活動によって脳の柔軟性が向上し、数字に対する理解力や計算能力が高まります。

また、そろばんは右脳と左脳の連携を促すので、脳全体の認知機能を高める効果もあります。

このほか、そろばんの珠を操作する際には、正確な珠の位置を把握し移動させなければならないので、視覚情報の処理や空間認識力も使うことになります。このような活動が脳の視覚と空間認識を司る部分を刺激します。視覚と空間認識力の向上は、日常生活においてもプラスの影響を与えてくれます。

そろばんをしているときの脳の動き

ではそろばんをしているとき、脳は広範で活性化していると推測できます。それは、計算をするための左右の脳の角回だけでなく、右脳全般を刺激すると考えられます。右脳というのは結局は波動ですから、周りへと共振していくことになるはずです。右脳の周囲に影響を与えることになります。

そろばんを習うことは両方の脳を刺激することにつながりますから、これがさまざまな能力の開発につながることも考えられます。発達した右脳で、絵の才能が開花するかもしれませんし、ピアノがうまくなるかもしれません。実際、ピアノを習っている子どもは、暗算が得意な子が多いといいます。これもやはり右脳を鍛えているからです。

私は幼稚園でモンテッソーリ教育に携わっていたこともあり、ここでは少しモンテッソーリ教育に寄り道して、目と脳と指の関連について考えていきたいと思います。

モンテッソーリ教育に関しては、藤井聡太棋士の活躍で聞いたことがあるという人も多いと思います。2016年、史上最年少の14歳2カ月で棋士となった藤井棋士は、2023年6月現在、弱冠20歳で七冠（竜王、王位、叡王、棋王、王将、棋聖、名人）のタイトルを保持しています。アマゾン創業者のジェフ・ベゾスやグーグル創業者のラリー・ペイジとセルゲイ・ブリンもモンテッソーリ教育を受けました。イタリアの医学博士、マリア・モンテッソーリが「子どもは自分で自分を育てる力が備わっている」という自己教育力の考えに基づいてつくり上げた教育です。

マリアが教育を考えるようになったのは、精神病院で知的障害のある幼児の治療とその教育に当たったことがきっかけです。子どもたちが、パン屑を指先でつまみ集めている姿を見て、そこに知的活動があることに気がついたといいます。子どもは自分で自分を育てることができると考えたのです。子どもは今この瞬間、伸ばしたい自分の能力を知っていて、そのためにしなければならないことがあると考えたのがマリアです。その能力を伸ばすために、大人から見ると「なぜそんなことをするのかな？」ということを繰り返し行う時期があります。このような時期を「敏感期」といい、この敏感期がモンテッソーリ教育の中核となります。

敏感期というのは、簡単にいえば何かにこだわる時期です。敏感期はいくつかのカテゴリーに分かれます。本によって分け方に違いはありますが（*）、そのなかの一つが「運動の敏感期」です。

運動の敏感期にある子は、指を使うことにこだわりを見せます。例えば散歩しているときに葉っぱをつまんで見せにくるのは、「3本指でつまめるようになったよ」と示しているのです。5本指でしか物をつかめなかった時期から、3本指（親指、人差し指、中指）

でつかめるようになると、できることがどんどん増えていきます。箸も鉛筆もボタンも、3本指が使えなければ使えるようにはなりません。

そろばんの計算では、親指と人差し指を使います。そろばんのはりより下にある珠を「1珠」と呼び、はりより上にある数字の5を表す珠を「5珠」といいますが、これらの珠の動かし方は違います。

1珠を上げるときには親指を、下げるときには人差し指を使います。最初は一つひとつ、慣れてきたらいくつかの珠を一緒に上げ下げします。5珠を上げるときには人差し指の爪を使い、下げるときには人差し指を使います。このようにそろばんには、親指と人差し指の微細な運動が必要となるのです。

習い始めた頃は、計算そのものよりもこの指の使い方を集中的にマスターします。それによってのちのち、素早い計算ができるようになるからです。まずは型を覚えることが大事なのです。

このようなそろばん初期の練習は、生まれてから5歳くらいまでの運動の敏感期にはぴったりです。指先を使うのが楽しい時期でもあるため、夢中になってずっと続ける子もいるくらいです。このように「指先を使いたい！」と思うのは、子どもの本能です。これは教えなくても、子どもがハイハイからつかまり立ちをして、立てるようになるようなものです。神経がつながりだし、あらゆる運動に対しての欲求が出てくるのです。立ち上がるのが本能のように、2歳くらいになると、親が教えなくても何かをつまんだり、ペンなどを持って書いたりするようになります。指先を使った運動をしたくなるのです。

その頃に、身近にそろばんがあったら、きっとパチパチと弾くようになるはずです。

3歳を過ぎた頃から、目で見て、脳に伝えて、信号が脊髄を通り、指先に伝える、という一連の作業がうまくできるようになります。目と脳と指がうまく連動するようになるのです。運動機能を獲得するために、子どもは自ら指を動かそうとするわけです。

また、誰にも「指先を使いたい」という欲求が生まれます。これは順調に成長している証なのですが、この欲求とそろばんを結びつけることは、それほど難しくはありません。そろばんは子どもの自然な成長に合っているといえます。まずはそろばんを家に置いてみるところから始めてみるといいと思います。

辻井さんがピアノを弾《ひ》き始めたように、そろばんを弾《はじ》き始めるかもしれません。

自分で精いっぱいのことをやってみる、そして達成感を覚える、さらにもう少し難しいことにチャレンジする――このようないしど式の教育方法は、モンテッソーリ教育に通ずるものがあります。決して詰め込みではなく、とても自然な学びの方法です。

そろばんは人間の自然な成長のなかで知的発達を促すことができるという面で、モンテッソーリ教育と共通点が多いと感じています。

＊参考：『知る、見守る、ときどき助ける　モンテッソーリ流「自分でできる子」の育て方』（神成美輝著　百枝義雄監修、日本実業出版社）

第3章

集中力、記憶力、創造力、判断力、忍耐力
子どもの能力を最大限に引き出す
〝いしど式そろばん〟

基礎教育が見直されたきっかけ

ゆとり教育が激しく批判されたことを覚えている人も多いと思います。ゆとり教育は、苛烈な受験戦争への反動としてもたらされたもので、１９８７年〜２００４年頃に生まれた人たちが受けています。

学力低下が厳しく指摘されることとなり、２０１１年に実施された学習指導要領改訂では、小学校6年間で２５０時間以上、中学校3年間で１００時間以上も授業時間が増えることになりました。ゆとり教育の弊害が指摘されるのと同時に、基礎の大切さが改めて見直されるようになりました。実は私自身は、ゆとり教育の弊害を感じたことはありません。学校の算数の難易度やボリュームが変わったことで、そろばんを習う層に影響はなかったのだと思います。

ゆとり教育の何が問題だったのか

ゆとり教育は、詰め込み教育から舵を切ったという点ではよかったのですが、学習時間が少なくなったこと、基礎教育を軽視したところに問題がありました。そのせいで、「読み・書き・そろばん（計算）」という学習の基礎をしっかりと身につけることができなかったのです。

そして基礎がない子どもに対して、「さあ自由に考えてごらん」という授業が行われました。これは食材がほとんどないなかで、「好きな料理を作ってごらん」と言われるようなものです。目の前にあらゆる食材がそろっていれば、新たな料理のアイデアも湧いてきます。しかし「肉、ジャガイモ、ニンジン、タマネギ」しかなければ、カレー、シチュー、肉じゃがくらいしか思いつきません。

結局、鶏の足が4本だと考える子や九九が言えない、中学レベルの英語力しかない大学生が現れるといった弊害があらわになりました。創造力を発揮させる教育をするにも、「基礎が必要」ということがゆとり教育という国家的なプロジェクトの結果分かったのです。

しかし同時に、脳科学の分野の発展もありました。人間が、見たり聞いたりしたときに、脳にどのような変化があるのかというのが、科学的に解明されていきました。そのなかで反復練習や基礎力を高めるための「読み・書き・計算」が大事だということが、実験や研究によって明らかになっていったのです。

ゆとり教育は、基礎力の大切さを改めて見直すきっかけになったともいえます。

そろばんで向上する能力はたくさんある

そろばんを習うことで、基礎力である高い計算力をつけることができます。しかし、そろばんで引き出すことができるのは、計算力だけではありません。

どうやって教えたらいいのか分からないと親が悩む、感情のコントロール、共感力、自制心、決断力などの「非認知能力（24ページ）」を、自然と身につけることができるのです。幼児期からのそろばんの練習で、集中力・記憶力・創造力・判断力・忍耐力がついたとしたら、子どもは大きなアドバンテージを得ることになります。

非認知能力はペーパーテストでは測れない能力です。そこには、感情のコントロール、共感力、自制心、決断力などが含まれます。そろばんなら、「非認知能力×認知能力」という形で、両方の能力を一度に伸ばすことができるのです。これにより、目の前の課題に対し即座に対応して解決する力が高まります。

例えば小学校6年生から中学受験の勉強を始めた子が合格するのは、「この問題を何分で解く」という勉強の仕方が身についているからです。短時間に集中して学習できるのです。処理能力の高さに加えて、記憶力が高いことも助けとなっているはずです。また、忍耐力も重要です。小学校の中学年から準備を始めなくても、すぐに追いつくことができるのです。

そろばんで身につく、こんな能力

そろばんで身につくものとして、まずいちばんに挙げられるのは集中力です。

いしど式では、細かい時間設定と目標設定で、小さな子どもでも集中して取り組むことができるようにカリキュラムが設計されています。時間を区切り、数字の目標を立てると、処理できる量が増えることが証明されています。集中力がつけば、短い時間で勉強をすることができます。集中して短時間でタスクを終わらせることができるようになれば、受験でも、社会に出てからも、時間に余裕をもつことができるようになるはずです。

また、そろばんは右脳が活性化することで、記憶力が飛躍的に伸びるようになります。計算を左脳だけでなく、イメージを扱う右脳で行うようになることで、人よりずっと右脳を活用するようになるからです。右脳は記憶容量が多い脳ですから、自ずと暗記科目が得意になります。短時間で暗記科目を終わらせることができるようになれば、ここでも時間の余裕が生まれるというものです。

右脳が開発されることで、創造力やイメージ力がアップします。そろばんの学習が進むと、生徒たちは頭の中に、ヴァーチャルなそろばんを持つようになります。私たちはこれを「とうめいそろばん」と呼んでいます。

頭の中でイメージしながら計算する、考えることが当たり前になるのです。このように頭の中のそろばんを使い続けることで、右脳がさらに刺激され新しいアイデアが浮かんでくるようになるのです。

物事を自分で決めたり、選択したりすることが苦手という子どもが増えていますが、そろばんを習えば判断力も身につけることができます。

そろばんは判断の連続だからです。「優柔不断」という言葉が、人の性格を表すのに使われるように、決断できるか、判断できないかは、性格によると思われているふしがあります。しかし、そうではありません。判断力は身につけることができるからです。

練習問題をこなすなかで、判断力を養うことができるのも、そろばんの魅力の一つです。

そして最後は忍耐力。集中できる時間には年齢や個人差がありますが、その子に合わせた時間を用いて指導をしていきます。幼い頃から長時間、机の前にいられるわけではありません。これも小さな目標を繰り返し達成していくことで、いつの間にか長時間、座っていることができるようになっているのです。

子どもの能力を引き出す①
――集中力：細かい時間設定が、集中力を生む

こんな実験があります。

ボルトとナットを用意して、「取り外してください」と頼みます。その後、同じものを用意して「1分で30個、取り外してください」と頼みます。皆さんは、どちらのほうが多く、取り外せると思いますか？

正解は、後者です。１分で35個取り外せたのです。

時間を区切り、数字の目標を立てると、人の処理能力は上がります。数や時間の目標がなければ、私たちはなんとなくその作業をこなしてしまいます。しかし、「〇分間に〇個」と言われただけで、何も報酬や罰則がなくても、その目標に向かって頑張ってしまうのです。処理能力を上げるためには、このような数字を伴った目標が効果的です。

そろばんも同じです。もし、「好きなようにやりなさい」という指導をしたら、子どもの能力はそれほど伸びません。そうではなく、「この問題を、何分間で解く」ということが決まっているから、集中してできるのです。

誰でもいつでもできることは、つい後回しにしてしまいます。「会社に行く前に洗濯物を干さないと」と思うからこそ、倍速で動くことができるのです。

こうした考えのもとにいしど式では、特に時間を細かく区切っているため、小さな子どもでも集中力が保てます。もともとワンセットは10分だったのですが、現在は級ごとに分けられています。

このように、細かくワンセットを区切ることで、子どもたちは集中して取り組むことができるのです。そして同時に、ワンセットを繰り返すという訓練になります。そろばんはマラソンというより、短距離を何本も走るというイメージです。その一本一本に集中し、自分の力を出し切ることを子どもたちに求めています。

時間感覚が集中力に結びつく

子どもにとって時間の感覚を持つことはけっこう難しいことです。大人になるとすっかり忘れてしまうのですが、10分後とか、30分後がなんとなく分かるのは、これまでの人生で時間の感覚を磨いてきたからです。

子どもに「10分後に家を出るよ」と伝えたのに、まったく出かける準備ができていないのは、そのためです。目に見えない「10分」が体感として分かるようになるには、経験が必要です。

そろばんでは、子どもの頃から「何分で解く」という訓練を繰り返しするので、人より早く時間の感覚を身につけることができるようになります。そしてその時間に「自分はどれくらいの作業ができるのか」という見通しが、持てるようになるのです。これは子どもたちを見ていると分かります。時間とタスクを比べて、計画が立てられるようになるということです。

お母さんやお父さんが私たちに伝えてくれるのは、「学校で宿題を終わらせてくるようになった」というエピソードです。これはもちろん、計算が速いからということもあるのですが、それだけではありません。なぜなら算数だけでなく、国語や理科、社会の宿題も、終わらせてくることがあるからです。

これは宿題の量を見て、それを終えるのにどれくらいの時間がかかるかが、すぐに分かるからだと思います。「これなら10分でできるな」と計画が立つから、終わらせてしまうのです。
このように家で宿題をしなくなると、子どもは遊ぶ時間がたっぷり取れますし、親のストレスもなくなります。ゲームをしている子どもに向かって、「宿題したの!?」と声を荒らげる必要もなくなるからです。これは親にとって、かなりうれしいことではないでしょうか。

ボルトとナットの実験を思い出してください。
被験者の能力がたった数分で上がるわけではありません。しかし、時間を区切り、数字の目標を立てたことで、できる数は増えました。適切な学習環境を整えれば、アウトプットは増える。これは親として知っておいたほうがいいと思います。

またこのようなやり方で伸びるのは、計算力だけではありません。集中力が身につきます。集中力は、親がぜひとも子どもに身につけてもらいたい能力のひとつです。しかし、どのように身につけさせればいいのか、分からない能力でもあります。そろばんを習えば、集中力は自然に身につくことになります。これは子どもにとっての大きな財産であり、アドバンテージとなるはずです。

子どもの能力を引き出す②
──記憶力：右脳の活性化で、記憶力が飛躍的に伸びる

「計算が速くなったし、漢字のテストも満点が取れるようになった」

こんな話を聞くことがあります。計算と漢字は結びつかない気がするかもしれませんが、これも右脳の活性化によるものととらえれば納得がいきます。

右脳の活性化によって記憶力は飛躍的に伸びます。右脳はイメージを扱う脳で、左脳よりも記憶の容量が多いといわれているので、漢字テストにいい影響が出るのは右脳が刺激された結果だと考えられます。

私自身は高校生になってから、そろばんを始めました。そのとき、実際に記憶の仕方の

変化を感じたことがあります。中学生の頃よりも、暗記科目の勉強が苦ではなくなったのです。記憶力がだんだん良くなっていることを、定期テストのたびに実感するようになりました。それは単に記憶力だけでなく、多分に集中力との相乗効果だったように思います。

一言で言えば「スイッチの入れ方が分かった」ということです。「テストがあるから勉強しよう」と思ったときに、集中して短い時間で勉強を終わらせることができるようになりました。

高校時代は勉強よりも部活のほうが楽しかったので、なるべく短い時間で定期テストの対策をしたいという気持ちがありました。高校生の定期テストというのは、暗記科目が多いのですが、「これを○日までに覚えよう」と決めると、ちゃんとそのとおりにできてしまうのです。

中学生の頃は勉強しようと思って机に向かっても、なかなか集中ができませんでした。暗記に時間もかかりました。しかし、そろばんを始めるとそのようなことがなくなりました。高校生になってからのほうが、圧倒的に物覚えが良くなり、テストの前日でも余裕を感じていたのです。それはテストの点数としても表れました。これは、そろばんの効果だと感じていました。

こういったことが励みとなり、そろばんの練習にも熱が入りました。その当時は現在とは違い、そろばんは記憶力や集中力を高めるということが盛んにいわれているわけではなかったのですが、私はそれを体感していました。そろばんの効果を実感していたのです。

生徒の話を聞くと、「暗唱の宿題が簡単にできるようになった」と言います。小学校では、小説や百人一首の暗唱などの宿題を課されることが多いと思います。友達がすごく長い時間をかけて覚えていることを、「自分は短時間で覚えられる」と自信たっぷりに教えてくれることも多いのです。

子どもの能力を引き出す③
――創造力：推論や問題解決・発明などのひらめきが生まれる

そろばんを習うと、創造性が育まれます。不思議に思われる方も多いと思います。もちろん右脳が開発されるからということもありますが、それだけではありません。そろばんでもたらされる秩序が、ひらめきを生むのです。規則的な繰り返しのなかで、あるときひらめきは生まれます。同じことをとことん繰り返し、追求していくと、その先に今までの常識では考えられなかったものが浮かんでくるのです。

数学の解法などは、まさにそうです。公式に当てはまる当たり前の計算を、何問も何問も繰り返したあとだからこそ、難問がきたときにひらめきが生まれます。

将棋の棋士も同じだと思います。定跡を繰り返し練習して身につけた先に、思いもよらなかった一手が浮かび上がってくるのだと思います。新たな手を創造するというのは、並大抵のことではありません。基礎をたゆまず繰り返した先に、新たなアイデアが降りてくるのです。

そろばんというのは、創造力とほど遠い勉強のように感じられますが、規則正しい動きを繰り返すという部分において、ひらめきを生む下地をつくっているのだといえます。

そろばんができる人は、推論ができる人

そろばんを習った人が暗算をする際、脳の中の「とうめいそろばん」を使います。頭の中で、そろばんを弾いているわけです。「今ここに見えないもの」を動かし、その先を推測するという脳の使い方です。これは、仕事ができる人の脳の使い方と同じなのではないかと考えています。

例えば新しい商品を生み出すときには、まだここにないものについて考え、それをどう売るか、どう宣伝するかということを考えなければなりません。「今ここに見えないもの」について、売り先や売り方などを計画し、推測していかなければなりません。このような

脳の使い方は、一朝一夕に身につくものではありません。

例えば小さな子が、同じ絵本ばかり読んでほしいとせがむのは、自分の予想が当たることがうれしいからです。親は「同じ本ばかり読んでもつまらないのでは？」と思うものですが、そうではありません。このページをめくったら、大きなくまさんが出てくる。次のページでは、そのくまさんが泣きだしてしまう……。そう予測したうえで、本当にそうなることがうれしいのです。子どもは少しずつ、予測するための脳の使い方を学んでいきます。

そろばんで身につけることができるのは、絵本の予測より一歩先に進んだ脳の使い方です。頭の中のそろばんを弾く暗算では、「今ここに見えないもの」を動かし、その先を推測しています。このような脳の使い方を幼いうちから身につけることができれば、将来の仕事における推論へとつながっていくはずです。

実際にないものをイメージする力

創造力という言葉の定義は広いので、どのようにとらえるかという部分はあるかと思います。私はこれを「イメージ力」だと考えています。つまり、実際にはないものをイメージする力です。イメージしたものを発展させて、新しいアイデアを生み出します。この発展段階では、推論する力も必要です。

東大に進学した卒業生で、化学がとても得意な子がいました。化学式というのは、元素記号を使って物質の構造などを表すものです。酸素＝O_2、水＝H_2O、二酸化炭素＝CO_2などのことです。さらに原子の結合の様子を図として表した構造式は、線でつなぐだけでなく、それを立体的に表す場合もあるなど非常に複雑です。東大レベルの化学となると、いったいどれほど複雑な化学式を使うのか、私の想像を超えてしまいます。

卒業生の生徒は「私はそろばんをやっていたので、頭の中でイメージしながら考えることができるため、化学が得意です」と言っていました。どうやら頭の中で、その化学式をイメージできるだけでなく、動かすこともできるようなのです。

そろばんの初歩の暗算では、実際にないものを動かすわけではありません。しかしそれが土台となり、目の前にないものをイメージする力につながっていきます。突き詰めれば、化学が得意な卒業生のように、頭の中で構築した化学式をも上手に動かすことができるようになるのかもしれません。

これからの時代、計算だけであればすべてＡＩがしてくれます。プログラミングも、ある程度のところまでであればＡＩのほうが速いし、正確だといいます。そのような世界を生きる子どもたちが鍛えなければならないのは、創造力だと思います。

そろばんを使って計算力を鍛えるのは、それ自体が目的ではないのです。それを基礎として培われる創造力こそが、私たちが本当に鍛えたいと考えている力なのです。

数字の直感力をつけ、ひらめきを生むために

私が高校生でそろばんをスタートしたのは、就職のためでした。当時、地方の「高卒エリート」の就職先は、銀行でした。そして銀行に就職するためには、簿記ができたほうがいいといわれていました。そこで「簿記の級を取りたい」と高校の先生に相談したところ、

「簿記をやるんだったら、そろばんを習ったほうが数を概念としてとらえられるようになるから有利だよ」とアドバイスをもらったのです。

簿記の問題は、電卓で解くこともできます。電卓は数字を「ただの数字」としかとらえませんが、そろばんなら概念的に分かるようになります。「ここがおかしい」「ここが違うんじゃないか」ということが直感的に分かるような力が身につくといわれました。

例えば大人であれば、153円の大根を3本買ったのに「300円です」と言われたら、おかしいとすぐに分かります。わざわざ「153×3」を計算することもありません。もっと極端な例を出せば、キャンディが2万3000円だったり、ハンドバッグが130円だったりしたら、すぐにおかしいと分かります。

しかし、数字が羅列している決算書や損益計算書では、意外とそういったミスに気がつかないものです。数字がばっと並んでいると、分からないことがあるのです。もちろん、時間をかけて、一つひとつの数字を電卓でたたいて確かめれば分かります。しかし、それには時間がかかります。

私にそろばんをすすめてくれた先生は、「そろばんをしていれば『売上が飛躍的に伸びているのに、経費がこんなに減っているのはおかしい』といったことがとらえられるようになるよ」と教えてくれました。当時はあまり理解できていなかったのですが、実際に仕事をし始めて先生の言わんとしていたことが、分かるようになりました。

「この数字がおかしいのでは?」ということに、直感的に気づくことができます。このひらめきは、働くうえでとても大切なことだと思います。

子どもの能力を引き出す④
――判断力:分析力、観察力、洞察力が育つ

そろばんは、小さな判断の連続で答えを出します。数字を読み取った瞬間に、足すのか引くのかを考え、どう珠を動かすかを決めます。そういった判断の先に、指の動きがあるのです。このような小さな判断と小さな処理の連続が、そろばんの特徴です。

判断力というのは、性格によるものだと思っている人もいるかもしれませんが、そんなことはありません。判断力は、鍛えることができるからです。小さい頃から、選択をする練習をするようにいわれるのはそのためです。

私は幼稚園で働いているとき、なるべく子どもに選択をさせるようにしていました。小さな子ならまずは2択から。そして少しずつ選択肢を増やしていきます。小さな子でも、真剣に分析し、観察して選ぶものです。このように「自分で選ぶ」という経験を重ね、時にその選択に失敗することで、子どもが物事を考える力、洞察力が育っていきます。洞察というのは難しい言葉ですが、簡単にいえば物事を「見通す力」です。見通す力をつけるためには、試行錯誤する経験が必要です。見通しが早くつくようになればなるほど、判断するスピードもアップします。そのためには、自分で決めて、自分で行い、成功したり失敗したりするという経験が必要なのです。

試行錯誤の訓練になる

そろばんを習うことで、このような試行錯誤の訓練を自然と積み重ねることになります。練習問題を通じ、判断する力を養っていくことになるからです。いしど式の教室では、ここにスピードが求められます。判断のスピードです。瞬間的に反応することを大切にしているからです。もちろんこれには訓練が必要です。しかし、訓練を積み重ねていけば自然と素早い判断ができるようになります。

これは誰にでも当てはまります。例えば朝起きてから家を出るまでの時間には、眠気を引きずりながらも非常に多くのことをかなり効率的にこなし、場合によってはゴミ出しのようなその日によって対応が変わることもこなしてしまいます。これは日々の繰り返しが訓練となり、限られた時間のなかで、何をどんなスピードで行ったら間に合うのかを、判断しつつ行動できるようになっているのです。時間が決まっていることで、私たちはいつもよりずっと大きな力を出すことができるものです。

いしど式の授業は時間が決まっており、１コマ60分程度の交代制になっています。これまでの一般的なそろばん塾というのは、特に時間に決まりはなく、必要な問題をすべて解き終われば帰っていいという形が一般的でした。ただそうなると、どうしてもゆっくりやる子が出てきてしまいます。ゆっくりやるだけならまだしも、時間制限がないと逆に課題をクリアできないということが多いのです。たっぷり時間があるから、課題がちゃんと終わるわけではありません。

特に問題が高度になってくると、いかに一問一問を早く解くかが重要となります。すると、そこにある数字をそのまま計算するよりも、端数を分けてあとで計算するとか、１００に近い数字だからいったん１００として計算して差を処理するとかいった工夫をこらすようになります。

時間制限があると、子どもたちは「いかに早く解くか」を常に考えながら、問題に当たるようになります。上級になればなるほど、その傾向は強まります。ですから計算の先の見通しもうまくなります。例えば割り算は、ある一定のところまで計算するとその先が予想できるようになります。そうすると「最後まで解かなくてもいい」という判断ができるようになるのです。

時間制限があるなかで瞬間的に判断するというトレーニングです。またこのような時間制限は、入試にもつながります。いずれにせよ子どもたちは、入試において時間制限のなかで問題を解いていかなければなりません。慣れない子というのは、時間制限があるというだけで、本来の力を発揮できなくなります。

そろばんは、時間が限られていても慌てない、というメンタルをつくることにもつながっていきます。

準備や片づけも時間内で

授業時間には、準備や後片づけ、採点の時間も含まれています。問題演習の時間だけではありません。そういった前後の時間も含め、ぎりぎりの時間のなかでその子の精いっぱいの速さで向き合うことを求めています。このスピードは、子どもの能力を高めるための一つの要素です。

例えば教室に来て席を決めるのに、「どこに座ろうかな……」と迷っていると、その分だけ演習時間がなくなってしまいます。ですから生徒たちは、教室に来たらさっと座るようになります。そろばんだけでなく、そういった行動面も、判断する力につながっているのです。子どもたちを見ていると、どんどんと行動がスピーディーになっていくのが分かります。最初はもたもたしていた子も、だんだんとさっと準備して、さっと帰ることができるようになります。

授業内では、子どもたちに常に2択が与えられています。時間内に練習が終わった場合、何をするかという2択です。

選択A：暗算のプリントを1枚解く
選択B：机の右側に置いてある数問の計算問題をする

例えば制限時間10分の問題が、9分で終わることがあります。次の合図までは1分です。その1分の間に、暗算プリントを1枚出して解くか、それとも右側の暗算問題をするか。これはその瞬間に子ども自身が決めることになります。「終わったらこれをする」ではなく、「Aをやるか Bをやるか自分で決める」という指導です。何をするか決めるためには、自分の持ち時間と課題の難しさを分析して、とっさに判断しなければなりません。慣れてくると、時間が多いときにはAを、時間が少ないと思ったらBをという判断がとっさにできるようになります。慣れないうちは、残り10秒しかないのにテキストを出そうとする子もいます。そして出した瞬間に時間切れになってしまいます。しかし、慣れてくるにしたがって判断も早くなります。

情報をどう整理し、処理し、判断するかという能力は非常に大切です。情報には、必要なものとそうでないものがあります。判断力が育つと、情報の取捨選択が早くなり、処理スピードを上げることができるようになるのです。

子どもの能力を引き出す⑤
――忍耐力：繰り返しの学習、長期間の継続が自然に忍耐力を育む

大人はとかく「我慢しなさい」と子どもに伝えるものです。しかし、子どもはそんなに簡単に、言われたとおりに我慢できるものではありません。忍耐力が備わった赤ちゃんなどいないように（忍耐力を発揮して我慢していたら、おっぱいももらえませんし、おむつも替えてもらえません）、もともと忍耐強い子どもなどいないのです。しかし、成長し大人に近づいていくにつれて、自分自身の目標を達成するためにも、忍耐力をつけていくことは不可欠となります。

忍耐力をつけるために用意されているのが、スモールステップでの訓練です。いしど式の場合、年少の子どもであれば10分を目安に集中することを目指します。年中なら15分、年長なら20分です。子どもによっては30分を目標にしています。集中できる時間には、年

齢や子どもによって差があるからです。

10分が限度の年少の子どもに、20分、ましてや30分という無理を押し付けても意味がありません。そんなふうに子どもに無理強いをしたあげく、「うちの子には集中力がない」と言うと子どもはかわいそうです。それは集中力の問題ではなく、年齢によって生理的に集中できる時間が決まっているだけなのです。

いしど式の教室では、子どもの年齢に合わせて、その子が集中できる時間内でこなせるだけの問題を課題として出しています。

私たちが子どもの頃を思い出し、自分の子どもと同じ年齢のときにそれ以上に集中して勉強していたか考えてみると、今の子どもたちが、かなり頑張って机の前に座っていることが分かると思います。

いちばん初めは、5問解くことから

最初は時間ではなく、問題を5問だけ解くことから始めます。

そうすることで、習い始めの子どもも、「ここまでだったらできる！」という達成感を味わうことができるからです。大人だって健康のために「毎日30キロ歩きなさい」と医者にいきなり言われたら、やる気をなくしてしまいます。でも、「まずは一駅歩くことから始めましょう」と言われたら、「確かに最近運動不足だから、頑張ろうかな」と思うはずです。基礎体力がついたら、次は5駅歩こうか、10駅歩こうかな、と続けるうちに、いつしか30キロ歩く体力と忍耐力がついてくるものです。

子どもにもいきなり高い目標を与えるのではなく、今よりちょっと頑張ればできる課題を繰り返し出していくことが大切です。子どもの集中できる時間はどれくらいかを見極めながら、少しずつ時間を延ばしていけば忍耐力をつけることになるのです。

大人に必要な子どもを見守る忍耐力

そろばんの級に関しても、スモールステップを積み重ねるように設計されています。9級から8級、8級から7級は、合格しやすく数カ月頑張れば取得できる子がほとんどです。しかし3級を超えると、とても厳しい世界になります。一つの級を取るために、半年以上かかるのは当たり前で、1年、2年と同じ級を練習し続けないと上には上がれないという世界になってきます。

とはいえ、生徒も保護者も、ただただ我慢というのはなかなか難しいものです。なんらかの見える進歩がないと、続けることがつらくなってしまいます。

昇級できなくなったときに、ひたすら「頑張れ」と言うだけでは、やる気は続きません。1年の間に昇級以外の目標にチャレンジする機会があることで、やる気を維持している子は多くいます。さまざまな方法の読上算、実力テスト、あるいは大会など、自分の力を昇級試験以外の場所で試すことができると、その都度刺激され、やる気アップにつながるのです。

このようにさまざまな機会があることで、子どもは、「読上算の試験を受ける」「そろばんの大会に出る」「通信制の大会にチャレンジする」など、身近な目標を見つけることができます。ふと気がつくと1年が経っていた、ということもあるのです。

ちょっと目先の目標設定をするだけで、練習を続けることができます。その環境の用意をすることが、私たちの仕事の一つです。小さな目の前の目標に向かって頑張ることを繰り返していくうちに、次の昇級が見えてくるものです。そしてそれと同時に、いつの間にか自分に、確固とした忍耐力がついていることに気づくことになります。

極めれば極めるほど、一つ上の段階に行くのが大変になるのは、どの世界も同じです。子どもより前に「なぜ、うちの子は昇級できないのですか？」と親の忍耐力が切れることもあります。手軽で時間がかからないことがよしとされている世の中で、親が待てなくなっているのです。

求められているのは、子どもの忍耐力だけではありません。大人の忍耐力も、子どもの能力を伸ばすためには必要なのです。

集中力、記憶力、創造力、判断力、忍耐力などの能力は、「伸ばしたほうがいい」と分かっていても、どうやって伸ばしたらよいのか分からないものばかりです。そろばんで計算力だけでなくこれらの力が伸びるとしたら、試さない手はないはずです。

計算力が時間の余裕を生む

子どもに「あとでね」と言って、「いつ？　もういい？」とせかされた経験のある人もいると思います。子どもの時間感覚は、大人とは大きく異なります。子どもは、大人が生きている時間とは、まったく違う世界に生きているともいえます。

大人は「今度また、ディズニーランド行こうね」と言ったとき、なんとなく1年後くらいを考えていることもあります。しかし、子どもは「明日？　あさって？　それとも1週間後？」などと考えて楽しみにしているものです。その感覚の違いを分かっていないと、あとから子どもに「嘘をついた」と言われてしまいます。子どもにとっての「今度」は、決して1年後ではないからです。

お母さんの「ちょっと待って」が待てないのは、子どもに忍耐力がないからではありません。「ちょっと」という時間が、子どもにとって10秒や30秒、ということがあるからです。そのため「もうできた？」「もう行ける？」などとせかされることになるのです。

小さな子どもには、大人が持っているような時間感覚はまだありません。

例えば朝の出かける前、5分で味噌汁を作って、洗濯機をセットして、下の子に着替えをさせて……と、親は分刻みで動いています。しかし、子どもは「出かけるまでの時間」という概念がありませんから、のんびりテレビを見ていたり、ゆっくりと朝ごはんを食べたりしています。「早くしなさい！」と言われても、なぜせかされなければならないのかが分かりません。

そろばん教室で身につくのは、5分、10分といった時間の感覚です。時間制限のある問題を解くなかで、子どもたちは「5分という時間がどのくらいの長さなのか」ということが体感として分かるようになります。暗算をするときには、それこそ1分を意識するようになります。このような単位の時間を意識しながら繰り返し練習することで、何分という時間の単位が身体的に分かるようになってくるのです。

そして、教室で学ぶ時間が1時間ならば「そろばんの時間＝1時間」ということが分かりますので、1時間単位の時間感覚も生まれていきます。

もちろん時計を指差して、「長い針が12になったら出かけるよ」という教え方もありますが、小さい頃は「長い針が12になるまでに自分がどれだけのことができるのか」ということが分かりません。そろばんなら、「10分という時間は、だいたい問題を20問解く時間」といった感覚がありますから、時間を基にある程度予測ができるようになるのです。

これは学校の宿題を解くときにも役立っています。「宿題を早く終わらせるようになりました」という報告が多く届くのは、問題を見ただけで「どれくらいかかるか」という見通しが立てられるからです。「この宿題の量だったら、5分やれば終わる」「10分やれば遊びに行ける」と計算できるようになると、「じゃあ、先に宿題を片づけてから遊びに行こう」といったように、自分で計画が立てられるようになるのです。学校で宿題を片づけてくる子もいます。それは空いた時間でその宿題ができるかどうかを、自分で判断できるからです。

中学受験と両立している子はたくさんいる

制限時間内で解く練習をしていることと、時間の感覚があることは、受験に非常に有利に働きます。問題を見たとき、「大問1の計算問題は、5分、大問2の1行題は10分くらいかな」と把握することができれば、「このテストは時間内で解けそう」といった予測ができます。これがテスト本番での安心感につながることも多いのです。自分の能力を把握することで、気持ちの余裕も生まれるわけです。

このような安心感は、とても大事です。「できるかどうか分からない」というだけで、先の不安が倍増します。これは大人も同じです。将来の見通しが悪ければ、イライラしたり、落ち込んだり、攻撃的になったりするものです。

そしてさらに計算が速いので、算数や数学のテストでは時間に余裕が生まれます。他の問題を解く時間の余裕ができるわけです。計算が速くて正確というのは、もちろんそろばんの大きな武器であることは間違いありません。

小学校6年生になってから、私立中学校に行きたいと言い出した男の子がいました。通常、中学校受験というのは、4年生くらいから塾通いを始めます。ですから6年生というのはかなり遅いスタートです。ただ、この生徒はすぐに周りに追いつきました。もともとの計算力があるので、基本ができていたからです。もちろん中学受験に必要なのは、算数だけではありません。記憶力が高まっていたということもあると思います。そろばんで培った記憶力の良さが、漢字や社会など、暗記科目の得点アップにも役に立ったのだと思います。

また、大学在学中に難関の公認会計士試験に合格した生徒もいました。公認会計士の勉強というのは「1日10時間勉強しなければ合格できない」と言われるほど勉強量が多い試験です。大学卒業後も、資格を取るために受け続ける人も多いのです。しかしこの生徒は「2、3時間しか勉強しなかったけど、合格できた」と言っていました。

在学中、しかも1日2、3時間の勉強で合格というのは、かなり優秀だと思います。「そろばんをやっていたから、僕は記憶力と集中力が高いと思う。だからできたんだ」と言っていたのが印象的です。

おしゃべりできなかった子がクラスのリーダーに

そろばんで自信がついたことが、その子の育ちに良い影響を与えることがあります。

ある教室に、内気な性格のよしとくん（仮名）がいました。よしとくんは家族とはお話ができますが、それ以外の人とはまったく話すことができず、場面緘黙《かんもく》と診断されていました。

いつもお母さんと教室に来て、その後ろにずっと隠れています。こちらが「おはよう」と声を掛けても、緊張して挨拶さえもできない状態が1年以上続いていました。

一方、計算能力は高く、続けるうちに大会で賞をもらえるようになってきました。よしとくんには周りから「すごいな！」「トロフィーもらえていいな」などと声が掛かるようになります。それでもなお、よしとくんが話をすることはありませんでした。ひたすら黙ったまま、そろばんを続ける状態が続いていました。

ところが小学校の中学年になった頃、変化が起こりました。ある日先生が教室の掃除をしていると、後ろから「こんにちは」というかわいい声が聞こえてきます。「こんなかわいい声の子、いたかな？」と振り返ると、入学してから3年、一度も声を聞いたことがなかったよしとくんがそこに立っていたのです。そこで先生はよしとくんの目を見て「こんにちは」と言いました。するとまた「こんにちは」と声がします。

それ以降、よしとくんは、普通にしゃべるようになったのです。私ともその日を境に、会話をしてくれるようになりました。そして高学年になる頃には、「しゃべらない時期なんてあったっけ？」というくらいにまで変わりました。ほかの子とまったく変わらないどころか、学校でもクラスのリーダー的存在になるほどに変わったのです。

なぜこのような成長をすることができたのかというと、一つのきっかけは、大会で入賞したことだと思います。それまではきっと、子ども同士で「なんでしゃべんないんだよ」というような目で見られていました。それがそろばん大会での入賞によって、「こいつはすごい」というような見方に変わりました。入賞という客観的事実が、周りの子どもたちがよしとくんを見る目を変えたのです。

また、自分に自信がもてるようになったことも大きいはずです。級が上がり、賞を取ることで自信がついたのだと思います。そしてあるとき、それが溢れ出しました。そのタイミングでスイッチが切り替わるように言葉が出始めたのだと思います。自閉傾向のある子どもで、そういった変化を見せてくれる子は多いのです。

座っていることが難しいADHD（注意欠如・多動症）の生徒

机の前にじっと座っていることが難しい子どもは、一定数います。5分と経たずにガタガタと体を揺らしたり、後ろを向いたり、席を離れたり、うろうろしたりといった具合です。「これでは、そろばん教室なんてムリ！」と思ってしまうかもしれません。

しかし、いしど式の教室でNGなのは、「立って歩く」ことだけなので、それさえ守ることができれば続けられます。なぜ立って歩くのがダメなのかというと、それは周りの子の迷惑になるからです。そろばんは、少し触れるだけで珠が動いてしまうもの。それだけは避けなければなりません。

学校には、多くのルールがありますから多動の子にとっては厳しい環境となります。あれもしちゃいけない、これもしちゃいけないと言われて、毎日ぐったりしてしまう子も多いのです。また、集団行動ですからどうしても「こういう場面ではこうしなさい」という指示が多くなり、理解するのが難しいのです。

そろばんの場合、ルールはたった一つ。「立って歩くことだけは、ダメ」というものです。今日も明日もあさっても、そのルールだけです。このような単純なルールであれば、本人も理解することができますし、1セットの授業の間だけですから我慢できる子ばかりです。

もし、ソワソワしてしまって計算に集中できないときには、「やりたくないときには、座っていれば何をしてもいいよ」と先生は言ってくれます。これは「ただ座っている」という練習ですが、こういった忍耐力を育むことは、将来本格的な勉強に入るために、とても大切なことです。

最初は5分しか座っていられないかもしれません。しかし続けているうちに座っている時間が10分になり、15分になっていきます。このように「座っている」練習を繰り返していくと、だんだん座って計算ができるようになります。

多動の子どもを見ていると、スイッチが入ったときの集中力の高さに驚かされます。すごい集中力を発揮するのです。きっと、「そろばんって面白い」と思えるようになると、スイッチが入るのだと思います。そうなると人並み以上の力を発揮します。

椅子に寝そべっていたノブくん

ノブくんは最初は座っていることができず、立ち上がるたびにお母さんに椅子に連れ戻されていました。椅子の上で寝そべっていることもよくありました。「1時間ここにいたけど、何もできませんでした」と、お母さんががっかりすることもしょっちゅうありました。結局、教室に来るだけ、という状態が1年続きます。先生もとても悩み、「どうしたらノブくんを成長させてあげられるんだろう」と悩んでいたこともありました。

ところが1年を過ぎた頃、ノブくんのスイッチが入りました。その途端、人の2倍、3倍の集中力を見せるようになったのです。実力も面白いように伸びていき、級もどんどん上がっていきました。そろばんが面白くなっただけでなく、人から認められるようになったことが、ノブくんの成長の糧になりました。

ノブくんのように、発達障害がある子（多動の傾向がある子）というのは、学校の教室では注意されてばかりとなります。すごく頑張っていても、自分のなかで何かを達成しても、それが認められないことが多いのです。

例えばノブくんが、今日は授業時間、頑張ってずっと椅子に座っていられたから褒めてもらいたいと思っていたとしても、それはほかの子にとっては当たり前のことです。当たり前のことだから、結局、頑張りを認めてもらえる機会はありません。

失敗したら怒られるだけで、頑張っても褒められなければ、頑張るのも嫌になってしまいます。

親からは、「たぶん無理だと思います」などと言われることが多いのですが、そんなことはないのです。「あなたにはできない」「まだ早い」などと言われてきた子が、「ムリって言われたこと、できたよ！」とものすごく高いテンションで報告してくれることがあります。「私にもできた！」ということは、大きな自信になるのです。その自信をつくるためにその子がちょっと頑張ればクリアできる目標を立てます。

そして子どもの頑張りを先生がしっかりと見て、その頑張りを先生が認めることがポイントです。これはこのような特性（発達障害）のある子には、ものすごく大きいことだと思います。

発達障害児の教育としても期待

発達障害のある子は、右脳優位の子の割合が多いとされています。そろばんは左脳だけでなく、右脳を使って行います。そういったことを考えると、発達障害のある子はそろばんには向いているのではないかと思います。続けるうちに、優位な右脳を活用することで暗算が速くなり、どんどん進級するようになるものです。まさに、得意を生かせるという状態になっていくのです。

大会で優勝するようになりトロフィーがもらえるようになると、教室ではスターです。先生や周りの生徒たちから「優勝おめでとう！」「頑張ったね！」などと声を掛けてもらえます。みんなの前で賞状をもらうことにもなります。

こういった華々しい経験、自分が認められるという経験をたくさん積むことで、子どもは変わっていきます。注目されるようになると、それに見合った人間に育っていくのです。ですから、いたずらっ子だった子が、なんだか模範生のようになることもあるくらいです。「人が自分をプラスの視線で見ている」ということが、良い影響を及ぼしているのだと思います。

このような過程を経て、人が変わったようになる子もいるのです。最初はできないから、イライラして、鉛筆を投げたり、そろばんを投げたりする子もいました。寝転がっていた子が、集中してそろばんを弾くようになるのを見ると、同じ子とは思えないものです。

右脳が優位な子は、６級になって暗算が入ってくると、抜群にできるようになります。そこで、「自分はそろばんが得意なんだ」「人よりできるんだ」と気づく子もいます。

学校の勉強だと、全体として判断されます。算数の時間に手を挙げ、グループ活動をうまくこなし、宿題を忘れず、ノートもきっちり取る、といったことすべてができていないと、学校では「算数ができた」という評価につながりません。

しかし、それは本当に算数ができる、ということなのかという疑問が湧いてきます。


これでは、自閉傾向のある子は学校では「算数ができない子」になってしまいます。でも、人より早く問題が解けるようになると、「問題が解けたら、先生のところに持っていく」とか、「解けたら手を挙げる」という場面で、認識してもらえるようになります。「いちばん早くできる」ということが、その子にとってアドバンテージになるわけです。

これまでほとんどしゃべらなかったばかりに、賢いと思われていなかった子もいます。それが、算数や数学ができるということが周りに知られ、周囲の態度が変わるということが起こるのです。「数学の天才」という目で見られたりするからです。小学生というのは、特にそういう傾向があります。数学だけではありません。大人しそうな転校生が、走るのがぶっちぎりで速いと分かると、いきなり人気者になったりするものです。そういったことが、そろばんをきっかけに起こっているのです。

イメージトレーニングに出合い、能力開発へシフト

スポーツとそろばんは、一見なんの関係もないように見えます。しかし、そこには深い関わりがあります。

スポーツというのは、ゴルフだけでなく、野球もサッカーも体操もイメージが重要な世界です。スポーツの話になると、出てくるのがイチロー選手です。イチロー選手はピッチャーがボールを投げて自分がバットを振った瞬間に、あっちに飛んでいく、こっちに飛んでいくということが分かるといいます。そのため、ダッシュするのが速いのです。

「分かる」というより、「イメージできる」といったほうがより正確だと思います。頭の

中にイメージを浮かべておいて、「こっちに飛んだら、こちらに飛び出そう」とか、「今度はこちらに行こう」など、頭の中にすでにイメージがあるために、体がすっと動くのです。

柔道も同じです。今は力で投げる時代ではないようです。自分の力をうまく入れられるスポットに、いちばんいいタイミングで入れたときに、いい技をかけることができるそうです。そのため、まずその体勢にもっていくために後襟（柔道着の襟の後ろ部分）をつかもうとします。力を使わずに技をかけられる体勢へともっていくためです。その間合いに入ったときに技をかけることができれば、それほどの力はいらなくなります。

つまり、自分がイメージした形にもっていくように、体を動かしていくのです。小さな選手が大きな選手を投げられるのは、イメージトレーニングが一役買っているのです。

右脳でイメージを描きながら、左脳で計算をする。ゴルフであれば、距離やスピード、風速など、計算要素は無数にあります。左右の脳を上手に使えることが、スポーツの上達にも関わってくるのです。そしてそれは、そろばんの頭の使い方とかなり共通するものがあると思います。

創業当初、生徒指導に当たっていた石戸謙一は、3〜4桁程度の暗算ができる生徒を育てることはできていたのですが、さらに上の桁を習得させるのには苦戦していました。その頃に出合ったのが「イメージコントロール法」です。イメージコントロール法を簡単に説明すると英語の現在完了進行形、「ずっと〜している」状態といえます。「自分は今できている」と考えるのです。例えば野球であれば、「自分は今、大谷翔平選手になって、バッターボックスに入っている」という考えで頭の中をいっぱいにするわけです。

この方法を使って指導してみたところ、これまで3桁の暗算しかできなかった子が、4桁、5桁、6桁とぐんぐん上達していったのです。

私たちの教室では、授業の前に「イメージトーク」が行われます。先生は子どもたちに「すごいね！」「よくできたね！」などと声を掛けます。そろばんを弾く前に子どもたちは、良いイメージを頭の中に描くのです。

授業のあとには、「今日はよく頑張りました！」「次も頑張りましょう！」という声掛けで、目標を確認します。

こういった指導を続けているうちに、子どもたちの能力がぐんと伸びるようになりました。先生の言葉の掛け方、課題の与え方が、イメージコントロール法に基づくものになってきたのです。「できているんだよ」という声掛けが基本になりました。

このイメージコントロール法を用いた指導法は、思いもよらない効果を生み出しました。それは「自分を超えた生徒を育てられる」ということです。これまで個人のそろばん塾では、師範の先生がどうしてもある意味「壁」になっていました。自分を超える生徒を育てることが難しかったのです。

しかしイメージコントロール法による指導であれば、生徒の上である必要はありません。生徒に「上のイメージ」をもたせることができればいいわけです。ですから、先生自身が段をもっていなくても、日本一の生徒や世界大会に出場する生徒を育てることができるようになったのです。

このように、いしど式のそろばん指導は、能力開発と密接に結びつくようになったのです。

個別対応だから、子どもが伸びる

私たちの教室の強みの一つは、個別対応です。

「いつだって先生は、自分を気にかけている」――そんな気持ちを生徒のみんながもてるように、先生方は指導をします。

・その子の目を見て話す
・その子に合った声を掛ける

この2つは特に大切にしていることです。

小さな子どもが相手ですから、信頼感を構築しなければどのような指導も実を結びません。きめ細かな配慮をすることで、そろばんの技術だけでなく、心の成長に寄与することを目指しているのです。

私たちの教室の考える個別指導とは、言葉で、行動で、そして心で信頼関係を深め続ける教育のあり方です。年齢や級にかかわらず、自分の課題ができたら褒めてもらえますし、そこで達成感を味わうことができます。できないところには時間をかけ、一人ひとりに寄り添うことができます。

なんらかの障害のある子どもが楽しく通ってくるのも、個別対応をしているからです。学校の教室では当たり前にみんながてきることができなかったり、理解ができなかったりすると、自己肯定感をもつことが難しくなります。

自分のペースで、自分の課題ができればそれを認めてもらえます。達成感を味わうことができれば、自然と自信も生まれてくるものです。

早く始めるメリットとは

私たちの教室が従来のそろばん教室と異なるのは、3歳からスタートできるというところです。「ずいぶん早くからできるんですね」と言われることはよくあります。

とはいえ、3歳になったら誰もがスタートできるわけではありません。目安は次の3つです。

・数字を読むことができる
・数字を書くことができる
・指を使って「1、2、3」と数えられる

この条件を満たせば、OKです。子どものなかには未就園児もいますし、3歳であっても、少し待ってもらう子もいます。

その後の伸びが違う

そろばんは、いつから始めても問題ありません。結局は「そろばんで、何を得たいのか」という部分がしっかりしていれば、問題ありません。

始める時期により、その後の成長の仕方は変わります。例えば幼児から始めると、最初の成長には時間がかかります。なぜなら、そもそも数字や文字を書くのがやっとというレベルですから、それだけでも時間がかかるわけです。

一方で、小学校3年生頃からそろばんをスタートすると、最初の伸びは大きいです。数の基本概念もできていますし、九九も分かります。そして割り算の概念も把握しています。このような段階であれば、最初の進みでいうと幼児から始めた子に比べて、10倍くらい進みが速いのです。3年生は、初めての試験を受けるまでに、平均すると入学から3カ月で到達します。

また、高学年以上であれば、そろばんの資格としての目安である3級を1年半程度で取得する生徒も大勢います。単純に基礎計算力だけ欲しいというのであれば、なにも幼児期から始める必要はありません。むしろある程度大きくなってから取り組んだほうが効率的です。

3歳から始めた子は、最初の進級試験を受けるにも、3級に達するにも時間がかかります。なぜなら、足し算も引き算も掛け算も割り算も、幼児期に覚えていかなければならないからです。そろばんの足し算と引き算、掛け算を覚えるのに、だいたい1年かそれ以上かかるものです。平均でいえば、9級を合格するのに年少、年中の子どもで約1年半、年長で1年程度時間がかかります。最初の試験までの道のりが長いのです。

しかし、幼児でスタートした子は、あとの伸びが違います。幼児期からそろばんを習うメリットは、幼いうちに右脳を活性化できることです。右脳が活発になると、暗算力は大きくはね上がります。その成果は、3級以降になって表れます。幼い頃から始めた子どもは、３級より先の級へとどんどん進んでいくことが多いのです。さらに、イメージ力が高いため暗算を得意とする子が多い傾向にあります。

そろばんにおける暗算は、頭の中で珠をイメージすることで行います。頭の中でイメージしたそろばんを弾くわけです。

幼児から始めた子のほうが、６桁の計算を暗算で解けるようになる確率が高いのです。10万くらいの数字なら、頭の中で計算ができてしまいます。頭の中に、６桁のそろばんがすでにインストールされているわけです。

しかし左脳優位の脳が出来上がってから始めた子は、そろばんのイメージではなく、数字で比べてしまいます。例えば「３６８＋６７９」といったときに、頭の中のそろばん、つまり映像を使って計算するのではなく、数字も一緒に考えないとなりません。映像だけだとすぐに頭から消えてしまうからです。

数字という言語を使って考えているために、桁が増えると限界がきてしまいます。人にもよりますが、10桁より桁数が増えると難しいと思います。しかし、映像でそろばんを浮かべて計算するのが当たり前の人になると、6桁以上の計算でも大丈夫なのです。

もちろん「桁の多い計算は、電卓やパソコンを使えばいい」というのはそのとおりです。しかし、そろばんが育むのは右脳の力です。つまり能力の開発です。ですからどれだけ計算のときに右脳を動かすかが大切になってくるのです。

計算道具から能力開発へ

右脳の力とはどういうものかを知るために、左脳と右脳の違いを皆さんにも体験していただきましょう。

これは入学説明会で、私が行っているもので「山・紙・空」という話です。

問題　これから10の言葉を言います。順番どおりに記憶してください。1回読んだら、ページを閉じるなど、見ないようにして、順番どおりに言葉を言ってください。

山　紙　空　テレビ　コップ
椅子　大根　花瓶　窓　新聞紙

では、10個の言葉を順番どおりに言ってみましょう。何個言えるでしょうか？

5個くらいが平均です。言葉をひたすら繰り返し、左脳だけで覚えようとするとそれくらいの数が限界になります。

これをすべて、覚える方法があります。それにはイメージ、つまり右脳を使うのです。右脳は記憶力が左脳に比べてずっと高いのです。

まず、そこに山があります。その山をハイキングしています。山にはなぜか紙くずがいっぱい落ちています。この紙くずがどこからきたのかを見上げると、そこには空が広がっています。空から紙が降ってきていたのです。そのまま空を見上げていると、なぜかテレビが飛んでいるのが見えます。パタパタと羽のついたテレビです。そのテレビの上には、よく見るとコップが乗っかっています。パタパタとテレビが動くので、コップがぐらぐら揺れています。あ、コップが落ちてきました！　落ちてきたのはあなたが座っている椅子のところです。椅子にコップがガシャーンと当たり、椅子は水浸しです。ああ、コップも割れてしまいました。下を見ると、なぜか椅子の足が大根になっています。

大根の脚の椅子なんて、ちょっと恥ずかしいです。人に笑われると嫌なので、その大根をそっと取ってください。どこに入れようか見回すと花瓶がありました。そこにずぼっと入れてしまいましょう。この花瓶も、なんだかおかしいので、花瓶ごと捨ててしまいましょう。左手のほうには、窓があります。その窓に向かって、花瓶を思いっきり投げつけてください！　ガシャンと割れました。風がビュービュー入ってきます。困りましたね。そこでこの窓を新聞紙でふさぎます。

こうしてイメージしたあとで、もう一度、最初から言葉を言ってみてください。

そうすると「山、紙、空、テレビ、コップ、椅子、大根、花瓶、窓、新聞紙」と前よりも多く言えるようになっているはずです。言えたら、今度は逆から言ってみます。これも言えると思います。これが右脳の力です。このように右脳を利用すれば、これまでよりもっと簡単に多くのことを記憶できるようになります。

右脳で覚えると逆からも言える

左脳で覚えただけでは、逆から言ったり途中から言ったりするのは難しいのですが、右脳で覚えたならこれも簡単にできます。これは記憶の引き出し方が違うからです。右脳で覚えると、その記憶の持続力も高く、翌日でも覚えていることができます。

入学案内でこのゲームをしたあと1年も経って、ある生徒から「あ、『山、紙、空』やった人だ！」と言われたことがあります。私の顔を見て、1年前のゲームの単語まで思い出したのです。これも右脳のなせる業です。

左脳で暗記した内容は、すぐに脳から消えてしまいます。テストが終わった瞬間に忘れてしまうのは、主に左脳を使っているからです。しかし、普段の勉強でも右脳を使うようになると、記憶が定着しやすくなります。例えば、数の概念を理解し、左脳で掛け算の九九を覚えるよりも、幼児期に右脳にそろばんをインストールした子のほうが掛け算、割り算も圧倒的に速いです。それは脳での計算の方法が違うからです。目に見える結果は同じなのですが、使っている脳の場所が違うからです。

一気に答えをつかむことができる

例えば「60の中に7がいくつあるか?」という問題があったとします。左脳を使う人は、「シチイチが7……、シチロク42、シチハ56、シチク63……、だから8か」と、九九をたどりながら答えを探します。このように考えると時間がかかります。

しかし右脳にそろばんがある子はいきなり「8」と答えをつかみにいけるのです。瞬間的に答えが分かる……このような脳の使い方、処理方法を大人になってから身につけようとしても、なかなかうまくいきません。どんなに頭のいい人であっても、かなり難しいと思います。一方で、子どもの頃から始めればどんな子であっても、こういった脳の使い方を自然に身につけることができるのです。

脳は、パソコンのように「必要に応じてアップグレード」というわけにはいきません。大人になって、勉強もしたい、資格も取りたい、友達と遊びたい、仕事もしたいといったとき、脳内で処理が追いつかないとすぐにパンクしてしまいます。すると、どれかを切り捨てる選択をするしかなくなってしまいます。

一方で脳があらかじめしっかりと「アップグレード」されていれば、勉強しながら友達とも遊び、バイトもして資格試験もこなす、ということが可能です。それぞれのタスクを、脳が高速で処理してくれるからです。すると意に反して何かを切り捨てるということは少なくなり、人生を充実させることができるわけです。

右脳が育つ時期に、そろばんを使って脳を大幅にパワーアップしておけば、その後のメリットは計り知れません。子どものうちから脳を鍛えて将来に備えることができれば、その後たくさんのスキルを身につけることができます。

そろばんという習い事はまさにこのためのものであり、計算力がつくのは、おまけのようなものなのです。

親を教室に招き入れ、親子で学習

「3歳からといっても、ちゃんとできるかしら?」と、そろばんを始めるのをためらう人もいるかもしれません。しかし、私たちの教室では、親と一緒に教室で学ぶことができるので、そのような心配は必要ありません。

従来のそろばん塾は、どちらかというと「親は立入禁止!」といった雰囲気でした。そもそも3歳などといった幼い子は、入塾できないのが当たり前でした。

私たちの教室では、親が自分の子どもの力や発達段階を理解することが大切だと考えているため、幼い場合は特に、教室で一緒に授業を受けることをすすめています。

小さい子どもは、集中できる時間が短いですが、集中できないわけではありません。遊びでも、積み木をおもちゃ箱から出してきたと思ったら、次におままごと道具も出してきて、結局、置いてあったおもちゃで遊びだします。せっかく積み木を出したのだから遊べばいいのに、と親は思いますが、子どもは気分のムラがあるので、積み木を出した時点で満足し、何か次のことをしたくなってしまうのです。

そろばん教室の子どもも同じです。1問だけやりたいとか、2問やったらほかのことをしたいとか。小さい子どもは特に、つまみ食い的な学び方をしがちです。そういったわが子の学び方を知っておくと家でサポートするときにうまくいきますし、イライラすることもありません。

親が同席することは、子どもの学びを知るためにとても重要なことなのです。

子どもの発達の段階を理解することができますし、わが子に合ったサポートの方法を知ることもできます。子どもの学び方が分かれば、家でのそろばんの練習もうまくいくものです。一度に練習はできないから、何回かに分けます。練習をしたあとは、一緒に遊ぶなど親がちゃんと子どもの様子を見て、楽しくそろばんを練習する方法を見つけてあげれば、子どもはどんどん伸びていきます。

また、そろばんをしているときには大好きなお母さんやお父さんが隣にいてくれます。そろばんをしたら一緒に遊んでくれると子どもは思います。弟や妹を預けて、二人だけの時間をつくってくれることは子どもにとっては特別なことなのです。

ある喘息持ちの子どもは、病院が大好きでした。それは、病院に行くときだけは、弟と妹をおばあちゃんに預けて、お母さんと二人っきりで出かけられるからです。それくらい子どもは「自分だけの時間」がうれしくてたまらないものなのです。「そろばん教室が大好き！」という子のなかには、親を独占できる時間がうれしいという子もいるはずです。

こういった親のサポートがあると、「そろばん大好き」という気持ちが、脳の記憶容量をぐんと増やしてくれることになります。「好き」という気持ちは、学ぶうえで非常に大切なものです。なぜなら記憶を司る脳の海馬は、好き・嫌いを感じる扁桃体のすぐそばにあるからです。そのため、「好き」という気持ちは記憶に良い影響を与えるといわれています。大好きな恐竜の名前や電車の名前などがいくらでも覚えられるのは、そこに「好き」という感情が伴うからです。

親の最初の役割は、その「好き」をつくるところにあるのです。

「でも、ずっと一緒についているのは大変」と感じられる人もいると思います。

ずっとというわけではありません。最初の検定試験を受ける前まで、というのが一般的です。子どもの様子にもよりますが、進級して割り算になったときに、一時的についてもらうこともあります。基本的には子どものそばに親がついていることはプラスになるのです。

どんなことでもそうですが、親が興味もないし、子どもが何をしているのか分からないというのでは、勉強や習い事の効果は出にくくなります。褒めるにしても、心を込めて褒めることができませんから、「すごいね」の一言で終わってしまいます。子どもは親に認めてもらいたいという気持ちがとても強いので、そばで自分の頑張りを見ていてくれるというのは、気持ちの安定の面でも大きなプラスとなるのです。自己肯定感もそれにより高まるものです。

子どもを見ていると「今日はよく頑張ったね」「昨日よりできたね」などと、子どもを褒める言葉が自然と出てきます。こんなふうに褒められたら、子どもはうれしくて、さらに目標に向けて頑張ります。

過干渉には注意が必要

子どもに付き添うといっても、なかには「離れて見ていてください」とお願いをしなければならないケースもあります。親が超がつくほどの過干渉な場合です。

子どもの隣に座って、親がそろばんを出し、テキストを開いて、「この問題」と示して、子どもが数字を読む前に「+1だよ」、次は「+5だよ」などと言ってしまうのです。とにかくすべて先回りして、子どものすることを奪ってしまいます。一生懸命過ぎるお母さんに多く、「本人にさせてください」とお願いしても、待てない人がいます。言葉では理解しているのですが、無意識に動いてしまう。見ていられない、待っていられない、私がいないとできない、と心の奥で思っているのです。

子どもの鉛筆を持って、答えを書いてしまう人もいます。子どもはただ座っているだけです。これでは子どものそろばん教室ではなく、お母さんの教室になってしまいます。もちろん、離れて見ているように言われたお母さんは、最初はショックを受けます。ただ、それもお母さんが子どもへの接し方を変える機会になるようです。もしいしど式の教室に来なかったら、小学校に入っても、中学校に行っても、お母さんが先回りして何でもしてあげていたかもしれません。それは子どもの成長の機会を奪うことです。

ただ、きっかけがないと離れられない親は少なくありません。そろばん教室がそのきっかけになることもあるのです。

個別指導によりきめ細かな対応が可能

私たちは個別指導を行っていますから、その子の様子や理解度によって、進み方は変わります。特に年齢が低いほど、進度はばらつきます。

5歳の子どもでも、数がすぐに数えられる子もいれば、声を出したり、指を触ったりしなければ、数えられない子がいます。個人指導であれば、このような発達の段階に合わせて進度を変えることができます。

私たちの教室ではグループ分けをして、個人の能力に合った個別対応教育を行っています。

1　説明組：一人ひとりの理解に合わせて、個別指導する
2　時間計り組：分からない点のみを教えてもらい、自主学習をする
3　試験組：より早く、より正確に。自分の限界にチャレンジ

きちんと段階を踏んだ子どもは、その後しっかりと算数の力が伸びていきます。誰よりも早く立てるようになった子が、誰よりも速く走れるようになるわけではないのと同じです。ハイハイをして、しっかりと腰回りの筋肉を鍛えなければ、2本足で立ち上がり歩く

ことはできないのと同じことですから、慌てなくていいのです。

さらに「スモールステップ」という目標設定の方法を取っているのも、特徴の一つです。登山初心者が、いきなり富士山（標高3776メートル）を目標とするのは、なかなかハードルが高いものですし、途中で嫌になってしまうかもしれません。そうではなくて、まずは高尾山（599メートル）を目指します。これなら無理せず楽しみながら、山歩きと、そして登頂したときの達成感を味わえるはずです。

最初から富士山を見上げて登れないと思う人でも高尾山ならいけるかも？と考えられます。この「これなら自分もできそうだ」と思える目標が、やる気を生み出します。そしてそう思えると、人は行動するものなのです。

子どもはけっこう慎重派

「やれば、できる」というのは、教育現場でよく使われる言葉です。しかし実際には、やってもなかなかできないことはあります。「叱咤激励」としてその言葉を安易に投げかけることで、傷つく子どももいるのです。

子どもというのは、私たちが思っている以上に慎重派です。無秩序で、何にでもチャレンジしているように見えても実はそうではありません。DNAの中に、自分の生命を守ろうとプログラミングされているからなのか、できそうもないことはやらない子も多いのです。

実は子どもの「ヤダ」には2種類あります。それが好きではない場合。そしてできないと思うからやりたくない場合です。例えば友達がボール遊びをしていて、一緒にやろうと誘われても「ヤダ」と言ったとします。この場合、ボール遊びが好きではないのかもしれませんし、うまくボールを投げたり受けたりできないと思っているからかもしれません。後者の場合は「本当はできるようになりたい」という気持ちが裏にあるのです。


ですから、子どもの「ヤダ」をそのまま受け取っていると、成長の機会を逃してしまうことがあります。

はるかちゃんもそんな子の一人でした。

最初は教室に来ても、「ヤダ」と言ってばかり。そんなはるかちゃんに、まずは1問だけやってもらいました。1問正解したときに「できたね！」と声を掛けると、はるかちゃんはうれしそうに、にっこり。「じゃあ、次は2問解いてみようか？」。そんなふうにして、いつの間にかはるかちゃんはそろばんが大好きな子になりました。教室に来ることを嫌がることはありません。

適切なハードルを用意する

私たちに必要なのは、一人ひとりに合ったハードルを用意することです。自信がなかなかもてない子には、低いハードルを用意します。その低いハードルを何度も乗り越えることで、少しずつ、でも確かな成功体験を積むことができるからです。

進度の速い子には、さらに向上心を刺激するちょっと高いハードルを用意し、失敗したときには、そのサポートをします。自分の力で乗り越えていき、時には失敗することで、大きな目標を叶えることができるからです。

このスモールステップ方式は、子どもの学習意識を維持するうえで非常に大切なものだと考えています。一生消えない「やれば、できる」を育むことができるのは、その子に合ったスモールステップを用意できるからです。

そろばんを大好きになるまでは、目標の立て方が重要になってきます。なぜならそろばんは、楽しくなるまでに少し時間がかかるからです。例えばピアノなら、鍵盤に触れればすぐにすてきな音が出ますし、サッカーもボールを蹴るだけでも楽しいものです。その点、そろばんを弾くことが楽しいと感じる子もいますが、いきなり大好きになる子はなかなかいません。そのため、楽しく感じられるまでに、スモールステップで達成可能な目標を立ててあげることがとても大事なのです。そしてそれは私たち大人の仕事です。

スモールステップは、親子の関係を良くすることにも役立ちます。子どもは親の喜ぶ顔が見たいと思いますし、親は子どもの成長を見たいと思います。スモールステップで目標が設定されれば、「できた!」という場面が自ずと増えていきます。ですから親も一緒に喜ぶことができるのです。

スモールステップですからできて当たり前なのですが、子どもにとってはそれが褒められる機会に、親にとってはわが子を褒める機会になるわけです。親子でプラス思考になることができます。

子どもは幼い頃は、よく寝たと褒められ、ちゃんと食べたと褒められ、立てた、歩けたと、それだけで褒められていましたが、いつの間にか子どもを褒めるハードルが高くなり、テストで１００点を取らないと褒められなくなってしまいます。これはちょっと悲しいことです。

小さな目標で構いません。子どもが一つ何かを達成したら、子どもと一緒になって喜ぶことは、いくつになっても大切なことです。

目標をもち、限界にチャレンジする機会を創出

そろばんを始めると、子どもはたくさんの競技や検定に参加することになります。

それらを通じて、一般的な習い事では味わえないようなシビアな経験を積み重ねていくことも、そろばんの大きな特徴です。そろばんの競技は完全に自分自身との闘いです。誰のせいにもできない、厳しい勝負の場に幼い頃から一人で挑戦することになります。

時には0・01秒を0・001秒にする努力が求められます。このようなコンマ何秒までを考える経験は、日常で味わうことはありません。自身の目標や限界にチャレンジすることでそういった経験を積んだ子どもたちは、もう大人顔負けのアスリートのようなものです。取り組み方を見ていて、私もそう感じています。小さなアスリートの日々の頑張りは、家族をはじめ周りの大人たちへの刺激にもなっています。

競技や検定になると、「練習ではうまくできたんだけど……」といった言い訳は通用しません。練習で100点を取っていても、本番で結果を出せなければ、また1カ月同じ練習を繰り返すという現実が突きつけられます。まさに1点で泣くか笑うかの世界なのです。

自分よりあとに入ってきた子や、下の学年の子のほうが良い結果を出すこともあります。

悔しくて泣いてしまうこともあると思います。厳しい勝負の世界がここにはあるのです。その悔しさをバネに自分の限界に挑戦し続けた喜びを手にする道のりは、子どもたちにとって何物にも代え難い社会勉強になります。

検定や大会を通じて挑戦し続ける子どもたち

スモールステップをこなしていくと、だんだんともっと大きな目標を立てたくなるものです。人というのは面白いもので、簡単なことができるようになると、難しいことに挑戦してみたくなる生き物のようです。

イギリスの登山家、ジョージ・マロリー（1886―1924）は、「なぜ君は山に登るのか？」と聞かれて、「そこに山があるからだ」と答えました。ヒマラヤ山脈の主峰であり、ネパールと中国チベット自治区との国境にある標高8848メートルのエベレストは、マロリーが活躍していた当時、前人未到の山でした。マロリーは1924年に頂上付近で消息を絶ったため登頂できたのかどうかは不明です。しかし、誰もチャレンジしたことのない山に挑みたくなるのは、人間のＤＮＡに組み込まれたものなのかもしれません。できないことができるようになれば喜びを感じるのが、私たち人間なのです。理屈ではないのです。

そろばんも同じです。スモールステップで自信がつくと、次は腕試しがしたくなってきます。そのために、私たちの教室では、チャレンジできる場を用意しています。検定の種類は大きく分けて、次の４つがあります。

1　珠算検定
2　暗算検定
3　読上算検定
4　読上暗算検定

基礎教材を3冊終えたら、九九を覚えたあとに、初めてチャレンジするのが、珠算検定です。10級、9級は乗算（掛け算）と見取算と呼ばれる足し算、引き算です。8～4級は乗算、除算（割り算）、見取算の3種目。3～1級は乗算、除算、見取算、伝票算の4種目で、伝票算は紙をめくりながら計算をします。級が上がるにつれ、種目の内容だけでなく桁幅も増えていきます。

暗算のことは、私たちは「とうめいそろばん」とも呼んでいます。そろばんを使わず、脳内のそろばんで暗算をすることになるからです。教室では、指で珠を弾くイメージをもつことができるよう練習をします。

読上算、読上暗算は、紙に書かれた数字を見るのではなく、講師が読み上げた数字を使います。そのため難易度がさらに高くなるのです。

検定ともなると、なかなか簡単にはいきません。練習ではよくできていたのに、昇級試験で力を発揮できないということは当たり前にありますし、友達に級を追い越されてしまうこともあります。とはいえ、このような昇級制度をもっているのは、そろばんのいいところだと思います。

そろばんでは、全国大会や県大会、地域別、レベル別など各種団体がさまざまな競技大会を実施しています。大会は力試しの場としていいものですが、このような順位がつくものだけだと、スポーツのように常に勝ち負けにさらされるようになります。

しかしそろばんでは、自分の能力が定められたレベルに達すれば、昇級・昇段することができます。いくつかの習い事では、例えば大会で3位までに入らないと昇級できない、というような昇級制度をとっていることもあります。そうなると、勝負強さがないといつまで経っても上に上がれない、ということになってしまいます。

そろばんでは昇段試験と競技大会とは別ものですから、努力が認められる機会が多いということになるのです。

本番で試される力

昇段試験や競技大会など、そろばんではたくさんの本番があります。よく中学受験生に向けて、「人生で初めての入試」という言葉が使われますが、多くの小学生にとって中学受験が「初試験」であることは実際に多いと思います。シーンとした教室、張り詰めた空気、サラサラという鉛筆の音。誰しも緊張するはずです。

とはいえ、これも訓練です。何度も本番を経験した子は、やはり本番に強いです。今このときに力を出さなければいけないというときにそれができる人と、そうでない人というのがやはりいます。これはもともともっている力もありますが、それ以上に訓練で克服できることでもあるのです。

そろばんの検定試験や競技大会にチャレンジする子は、それぞれの目標に合わせて、数カ月前から準備を始めます。本番に向けて努力するだけでなく、その日ベストコンディションで臨むことができるように調整をしていくのです。本番の1週間前になって頑張り過ぎると体調を崩すことがありますし、前日ならなおさらです。集中的な練習はそれよりも前に終わらせて、本番が近くなったら体調管理のほうに比重をおくようにします。こういったことを、中学、高校、大学受験といった本番だけでなく何度も繰り返していれば、本番に向けてのスケジュールの設計や目標の立て方、コンディションの整え方などが、体感として分かってくるようになります。

本番にベストの状態で臨むために、自分をどう整えたらいいのかが分かるようになるのは、大きな強みです。頑張り過ぎて熱を出したり、緊張し過ぎて力が出せなかったり、寝ないで勉強をして風邪を引いたりすることはよくあるものです。コンディションを整えることが当たり前にできるようになると、入試もスムーズに受けられるようになります。

これは親も同じです。「カツ丼」など、消化に悪いものを前日の夜に無理に用意して、かえって調子を崩してしまうようなことがあってはなりません。サポーターとしてのベストの振る舞いにも、練習が必要。親としても入試の本番に向けた、良いシミュレーションになるはずです。

失敗と緊張の経験

子どもに失敗をさせたくない、と考えてしまう保護者も多いと思います。しかし、失敗の経験というのは同時に、子どもの成長の機会でもあります。

昇級試験も最初はどのように準備したらいいか分かりませんから、家で練習をしないで、本番で緊張して、ボロボロになってしまう。それで非常に悔しい思いをする。そんなふうに失敗して初めて、「もっと練習をしなければいけなかった」ということに気がつくのです。失敗の経験は、次の試験に活かすことができるはずです。

また、自分が本番でどれくらい緊張するかを知ることが大きなプラスになります。人によって緊張する度合いは大きく違います。本番に強い子ならば、練習で90点を取っていれば「本番でもこれでいける」となりますが、緊張する子は違います。本番では2割落としてしまうなら、１００点を取れるまで練習でもっていかなくてはなりません。１００点が取れるまで練習をしていれば、2割点数が減っても本番で80点を取ることができ、合格できるからです。

本番での緊張をなくすことはできませんが、緊張すると分かっているのであればそのための対策ができます。自分を知ること、それが本番で成功するための方法の一つなのです。

このような経験を積むことができるのも、そろばんの大きなメリットです。

第4章

しつけや心の教育にも役立つ〝いしど式そろばん〟がもつさまざまな効果

そろばん教室の価値

電卓が普及するまでの長い間、そろばんは実用的な計算器具として扱われてきました。計算をしたり、記録を取ったりするために必要な道具でした。どれほど巧みにそろばんを使えるかは、ある時代においては出世の道を拓く力でもありました。

しかし、計算機能は電卓にとって代わられました。計算器具としてのそろばんの役割は、終わってしまったのです。それだけではなく、そろばんの資格をもっていれば就職に有利、ということもなくなりました。パソコンの普及によって、そろばんの資格にも価値がなくなっていったのです。

では、そろばんにはもう価値がないのかというと、そんなことはありません。いしど式は、そろばんの価値を「能力開発」においています。計算器具ではなく、能力を開発するための道具として定義しているのです。

2023年に50周年を迎えたいしど式ですが、私たちは設立のかなり早い段階から、能力開発を意識して指導してきました。特に、右脳を鍛える効果については、脳科学の発展に歩調を合わせるように注目してきたのです。右脳の開発は、年齢が低ければ低いほど効果が高いとされています。これまでのそろばん教室の常識を覆し、3歳から生徒を受け入れているのはそのためです。

昔ながらのそろばん教室は、「学校で掛け算を習ってから」というところも多いのです。そうなると、小学校3年生、早くても2年生くらいから始めるのが一般的です。いしど式では、右脳の能力開発の効果を高めることを考えて、幼児から受け入れられるようにしたのです。

幼児をそろばん教室に受け入れるためには、カリキュラムも指導法も変えなければなりません。小学生への教え方と3歳児への教え方は違うからです。現在のいしど式のメソッドは、右脳開発を目的にしたところから、さまざまな部分が見直され、改良され続けています。

そしてもう一つの柱が、しつけです。

私たちの教室では「自立」と「自律」の人間教育を重視し、挨拶や言葉遣い、礼儀作法をしっかり身につけることを掲げています。時には、保護者の方々の家庭でのしつけよりも、厳しいと感じられることがあるかもしれません。

例えば、子どもが消しゴムを床に落としたとき、先生は「自分で拾いなさい」と伝えます。もし、子どもが泣いていたら、「どうしたいのか言いなさい」と、自分の困りごとを言葉で表現できるように問いかけます。このような一貫した態度は、一見すると冷たく感じられるかもしれませんが、そんなことはありません。子どもにとって、一貫性というのは非常に大切なことです。家庭では、親の都合によって、助けてあげたり、突き放したりということが起こります。手が空いているときには拾ってあげるけど、そうでないときには自分で拾わせます。こうなってくると、子どもはそのとき自分はどう行動するのが正解なのか、分からなくなってしまうのです。

そして何より、継続して続けることの大切さを徹底して伝えていきます。そろばんは、簡単に上達するものではありません。コツも抜け道も裏技もありません。とにかく続けるしかないのです。「難しくてもまずはやり続けるしかない」という厳しさがそこにあります。社会に出てすぐに諦めてしまう大人にならないためにも、小さな頃に頑張り続ける経験を徹底して身につけることが大切なのです。そしてそれができるのが、そろばんなのです。

自立と自律を目指した教育

私たちの教室では子どもたちへのしつけも柱の一つです。挨拶、返事、後始末。これらをきっちりできることが当たり前となるように、指導をしています。

いくら勉強ができても、人間性が足りなければ結局社会に出てからうまくやっていくことはできません。

それは決して難しいことではありません。まずは挨拶からすべてが始まります。

そして自分のことは自分でするようにします。例えば幼児であれば、まず靴を自分で靴箱に入れてもらいます。その後、自分で席を決めて座り、かばんからそろばん、筆記用具、テキストを出します。ここまでは3歳の子でも、一人ですることができます。迷っていたら「道具は3つ出せばいいんだよ」と、やるべきことを提示します。

準備が整ったら、いつでも学習ができます。先生が合図を出せば、子どもたちはすぐに自分のやるべき問題に取り組み始めます。

見学に来たお母さん、お父さんから「指示をしていないのに、なぜ子どもたちは学習を進めていけるのですか」とよく聞かれます。先生が、あれをやれ、これをやれと言わないのに子どもたちが進んで準備していることに、驚かれるようです。

大人は、子どもに指示を出すのが自分の役割だと思っているふしがあります。ご飯を食べなさい、歯を磨きなさい、お風呂に入りなさい、パジャマを着なさいなどと、命令されてばかりでは、子どもも嫌になってしまいます。子どもは実は、自分の力で何でもやってみたいのです。ですから指示ではなく、前もってやるべきことが自分でできる環境を整えれば、そしてやるべきことが分かるように教えておけば、自分で行うようになります。大人に必要なのは、そのための準備をすることです。

つまり大人の役割は、子どもが自分でできる環境を整えてあげることです。決して代わりにしてあげることではないのです。

このような大人の環境の準備がうまくいけば、子どもの自立と自律は、自然と達成されていきます。「自分のことは、自分でする」「自分を律し、我慢すべきことは我慢する」といったことができて初めて、教育の成果が出てくると思うのです。計算ができることも大事ですが、その前に人間を育てることを目指しています。

イメージコントロール法に基づき努力を肯定する

さらに私たちの教室ではイメージコントロールの概念を、日本のスポーツ界が導入したばかりの頃から取り入れ、子どもたちのそろばん教育に活用してきました。

「すごいね！」「よくできたね！」「一緒に頑張ろう！」といった前向きな言葉を掛けられ、前向きな言葉で褒められると、子どもたちは自分の頑張りを実感することができます。そしてそれは、次の頑張りにつながる勇気となるのです。

頑張ったのに「あとちょっとだったね」「残念だったね」「もっと頑張らなきゃ」といった言葉ばかりを掛けられていたら、努力する自分に対してポジティブなイメージをもてなくなってしまいます。「頑張ってもどうせダメなんだ」という思いが強くなると、努力することを諦めてしまうかもしれません。

努力を否定せず、必ず肯定するといった一貫した姿勢が、子どもの教育にとって、非常に重要なことなのです。「努力し続けられることは、一つの才能だ」といわれますが、その姿勢は周囲のポジティブな声掛けでつくることができるわけです。

私たちが子どもたちのいいところを見つけては、積極的に、前向きな言葉で褒める理由もそこにあります。褒め言葉は、単なるご褒美ではありません。未来への前向きなエールなのです。

県大会から全国大会、そして世界大会へ

イメージコントロール法を取り入れたことで、生徒の力が大幅にアップするようになりました。

それまでは県大会での優勝はありましたが、その上にいくことはできませんでした。それが、全国大会、世界大会へと活躍の場が広がっていったのです。これは大きな成果とな

りました。

イメージコントロール法によって、子どもの自己肯定感は高まります。そして、自己肯定感を高めてくれるそろばんに、強い興味とポジティブなイメージをもつようになるのです。できると楽しいから、もっとやりたくなります。そして、その気持ちをイメージコントロール法が育んでくれます。

一昔前までは、そろばんでもスポーツでも、「大変でも我慢してやれば、なんらかの成果が得られる」ということがいわれていました。しかし、どうやらそうではないということが、脳科学の進化によっても分かってきたのです。楽しんだほうが成果が出るのです。

特に私たちの教室では、年齢の低い子どもも学んでいますから、「我慢をさせ、厳しく」というのはなかなか難しいです。もちろん私たちはそろばんの学習を通じて、幼少期の子どもたちにも粘り強さを教えようとしています。ただそこで大事になるのは、我慢ではなく自己肯定感なのです。

「できると楽しいな」「もうちょっとやってみようかな」という気持ちをどれだけ引き出すことができるかが重要です。そのような気持ちはイメージコントロール法によって、引き出していくことができるのです。

そろばんは継続が大切な習い事です。気分が良くなくては続けることはできません。そのためのしかけの一つが、イメージコントロール法なのです。

教育は三位一体で行う

教育はサービスではないということを、私たちは保護者に伝えています。「お金を払っているし、サービス業でしょ？」と思う人もいるかもしれません。しかしその考え方を捨てなければ、なかなか成果は出ないのです。

確かに教育は「サービス業」に分類されています。サービスというと、多くの人は無意識に、「お金を払えば、自分はラクをできる」と思っています。しかし教育においては、「子ども・保護者・先生」が、「三位一体」とならなければ、成果は生まれません。

例えば、「私はそろばんのことは全然知らないので、先生よろしくお願いします」と言って、教室に親が顔を見せないということがあります。「どうせ聞いても分からないから」と言うのです。

しかし私たちが保護者に期待しているのは、そろばんを教えることではありません。それは私たちの役割だからです。保護者の方には、子どもが頑張っていることに興味をもってもらいたいのです。一緒になって「難しいね」と言ったり、正解したら一緒に喜んだりしてあげる、つまり、子どもに伴走することです。それが親の役割です。

これは子どもにとって非常に大事なことです。親の伴走があれば、モチベーションはぐっと上がります。一方で、まったく無関心だったり、結果だけを見て評価を下したりしたのでは、やる気を失ってしまいます。これはその他の習い事も、学校の勉強も同じです。

そうして関心をもって見守るうちに、サポートも上手になることができます。まったくそろばんのことを知らなくても、触ったことがなくても問題ありません。親がすべきことは、子どもの努力を理解することだからです。

人よりも理解に時間がかかる子どもがいるとします。平均的な進捗状況と比べるとその半分くらいです。しかし、すごく努力をしていて諦めずに頑張っているのなら、子どもの頑張りを見てあげてほしいのです。

その過程を目にすることがなければ、「全然だめじゃない」「もっと頑張らないと」と、子どもを傷つける言葉を平気で言ってしまうかもしれません。もしくは先生に、その不満の矛先が向くこともあるかもしれません。先生が理解に時間がかかる子どものほうに力を注いでいるにもかかわらず、です。結果だけ見て「うちの子は手をかけてもらっていないのでは」と思ってしまっては、三位一体どころか3者の気持ちはバラバラになってしまいます。

親が近くで子どもの様子を見ていれば、先生がどれだけわが子に時間をかけているか、子どもがどれほど頑張っているかが分かります。親が「頑張ってるね」と伝えることで、それは子どもの自己肯定感につながります。今後の意欲にもなり、次への刺激にもなるのです。

いちばん身近な家族が、私たち教育者と情報交換をしながら一緒に進んでいくことができれば、それは子どもの大きな成果へとつながってきます。

先生から、子どもへの接し方を学ぶ

私たち教育者は、結局のところ子どもと関われる時間は一日のなかの一部、人生のなかの一部でしかありません。そういう意味で、影響力はとても少ないのです。やはりいちばん大きな影響力をもっているのは、親なのです。

実際、お母さんやお父さんの関わり方が変わると、子どもの成績も伸びていきます。いくら先生がすばらしい教育をしていても、そううまくいかないのとは対照的です。

昔ながらのそろばん教室は、親はノータッチが基本でした。教室に入ったらすべて先生に任せて親は見にいけない教室が当たり前でした。しかし、それでは今の子どもの能力をうまく伸ばすことはできません。子ども、保護者、先生が三位一体となることで、子どもの能力を上手に伸ばすことができるのです。

教室に来て、先生がどう教えているのかを見ると、サポートの仕方がだんだんと分かるようになってきます。これはとても大切なことです。家で子どもが「そろばんをやりたい」と言ったとき、親がうまくサポートできれば、教材も進みます。

保護者は、叱るポイントや褒めるポイントが分からないといいます。しかし、教室で先生の教え方を見ることで「先生みたいに、こうやって褒めればいいんだ」ということが分かるようになるそうです。

子どもへの寄り添い方を変えたお母さん

教室で先生の褒め方、注意の仕方を見ているうちに、自分の子どもに合う寄り添い方が見つかるという保護者が大勢います。なかには、褒める、褒めないという枠を大きく超えて、その寄り添い方を大きく変えた人もいます。

3年生のさとるくんのお母さんは、「うちの子には絶対に失敗をさせたくない」というポリシーをもっていました。それは「失敗をすると負け癖がつくから」という理由からです。負けたことによって心が歪んだら困る、成功体験だけをさせて育てていきたいといいます。そのため、入塾当初から「そろばんの進級試験に落ちるようなことがあれば、すぐやめます」と言っていました。

さとるくんは非常に優秀だったので、10級から7級までは順調に進みました。しかし、6級で失敗してしまいます。6級というのは一つの山場で、実力はついていても本番で力を出せない生徒が少なからずいるのです。6級になると、実力があっても2割くらいの子は不合格になることがあります。

その結果を教室に来たお母さんに伝えたところ、「分かりました。じゃあやめます。明日からもう来ませんから」と言うのです。そこで私は「実力はあるし、合格点まであと1問でした。私は、チャレンジさせてあげたいと思います。やめるにしても、挫折して終わらせるのではなく、達成した、頑張ったという気持ちで終わらせてほしいのです」と伝えました。けれどお母さんは「うちの方針ですから」と頑なで、聞く耳をもってくれません。するとそんなやりとりを聞いていたさとるくんが「僕はもう一回だけやってみたい」と自分からお母さんにお願いしました。それを聞いてお母さんは、渋々ではありますが、あと1カ月だけ教室を続けることを認めてくれました。ただ、「一度失敗したことはやらせない」という方針は変えないから、次の昇級試験に合格したとしてもやめるということは明言していました。

次の試験の発表の日。さとるくんはお母さんと一緒にやってきました。

掲示板に自分の番号を見つけたさとるくんは、「やったー!」と叫んで、入り口に立っているお母さんのところに駆け寄り、抱きつきました。するとお母さんはさとるくんを抱きしめたまま号泣します。「先生ごめんなさい……。こんなに子どもが喜ぶとは思わなかったんです。できなかったことを乗り越えるって、こんなにうれしいことなんですね。できないことでも、乗り越えさせたほうがいいんですね……」と泣きながらそう言ってくれました。

お母さんにとっては、子どもが困難を乗り越える場面を初めて目の当たりにしたわけです。なにしろそれまでは、絶対に失敗しないようにあれこれ手配をしてきたために、困難を乗り越えるという経験も皆無だったからです。

これこそ三位一体での教育の成果だと思います。思い込みというのは、なかなか変えられないものです。三者がそれぞれの意見を出し合うからこそ、生じた結果です。これはただ子どもが塾に通っているだけでは、生まれない出来事です。

お母さん先生の誕生

先生の採用条件も、私たちの教室は変わっているといわれることがあります。いしど式では、2級程度の実力があれば先生として働くことができます。2級レベルで先生になれるというのは、そろばん業界のこれまでの常識ではあり得ないことなのです。最低でも段位をもっていなければ話にならないというのが当たり前とされてきました。

私たちが必ずしも段位を必要条件としていないのは、私たちが求めているのが、お母さんのような寄り添い方ができる「お母さん先生」だからです。

笑顔がすてきな先生、優しい先生、寄り添ってくれる先生は子どもにとって理想的です。もちろんそのような資質をもっているのであれば、性別は問いません。男性の先生もたくさんいます。

これには、私たちが3歳からのそろばん教育をスタートしたことにも理由があります。小さな子が多いので、厳しい師範というよりも、保育園や幼稚園、小学校の低学年で教えることができるような先生が望ましいのです。

つまり、そろばんの実力より、小さな子に教える能力のほうを優先しているのです。

ただ、当初業界のなかでは、「段位もない先生が教えたって、生徒たちの実力が伸びるわけがない」と、非常に冷ややかに見られていたのです。その風向きを変えてくれたのは、ほかならぬ生徒たちでした。段位のない先生が育てた生徒が、どんどん伸びて大会で賞を取るようになったのです。生徒が日本一になったら、周りは誰も文句は言えません。特に低学年指導の実績は全国トップレベルです。

勉強ができる人が、教えるのがうまいわけではない

これはよくいわれることですが、勉強ができる人が必ずしも良い先生というわけではありません。頭が良過ぎる先生は、「生徒がなぜ分からないのか」が分からないからです。これはそろばん業界においては、当たり前ではありません。いしど式での成果が出たことで、業界に一石を投じることができたのは、良かったと思います。

また、これまで毎日練習するのが当たり前とされてきたところを、いしど式では何度教室に来てもいいフリーコースではなく、月8回教室に来るコースを基本とし、月に4回のコースも設けています。この「週に1回」というのも、批判の的となりました。そろばん

は毎日するのが当たり前という感覚が、業界の多くの人に残っていたからです。
しかし、週1回、週2回の教室通いでも、十分に成果が出ることが生徒たちの頑張りによって証明されました。

これは、これまでの当たり前を疑い、先生の選抜と育成、コースの設定の仕方とカリキュラム作成に一から取り組んだ結果だと思います。いしど式の先生は、2級で入社しても自身の実力を上げるための練習は欠かしません。さらに、指導方法をしっかりと学びますから、指導の実力は段違いというわけです。

新卒で先生デビュー

なかには新卒採用で、「そろばん経験ゼロ」という先生もいます。こういったそろばんにまともに触れたことがない人を教育して、先生に育てていくのが私たちの仕事です。基礎の部分を理解していれば、子どもへの愛情や接し方、子どもの意欲の引き出し方という知識を総合的に身につけた人のほうが、子どもの力を伸ばせるからです。

私たちの教室ではそろばんによる教育を通じて、先生自身が自分を磨き、人間として成長することも目標としています。子どもたちのやる気を常に引き出すだけでは、十分ではありません。日頃の挨拶、そろばんの技術、心のあり方。そして常に次の目標にチャレンジし続ける向上心。それは先生自身の目標でもあるのです。自分ができなければ、子どもたちに教えることなどできません。

いしど式の教室長は、全国珠算連盟の教師資格を取得し、資格の取得以降も定期的な研修に参加しています。新たな指導法や自らの技術向上に情熱をもって取り組む。それがいしど式の先生すべてに求められることなのです。

先生も一緒に成長しているのが、いしど式の特徴でもあるのです。

数学の問題を出し合う休み時間

私が教室をのぞいて「いいな」と思うのが、競技選手らが参加する特別練習での休み時間です。みんなで算数や数学の問題を出し合って遊んでいます。そろばんを続けていると数が好きになりますし、算数や数学が得意になりますから、積極的に問題に取り組むようになります。

長期の特訓になると、まとまった休み時間があるので、ちょっと難しい数学の問題を考える時間があるのです。「これ解ける?」「ここがこうなると、こうかな?」と、周りの子たちと楽しそうに解いていたり、「永遠に割れない割り算」をしてみたり、小数点以下の数字が「0・333333……」「0・321321……」など、決まった規則で数字が繰り返される「循環小数」を見つけたり。なんだかとても楽しそうなのです。

教室は異年齢となっていますから、そこには学年の違う子たちがいます。教えたり、教わったり、一緒に考えたり。元気な子も大人しい子も、年齢の違う子も、男の子も女の子も、あらゆる属性に関係なく交ざり合っているのが特徴です。

できる子が挫折を味わい、成長していく

学校の休み時間に算数や数学で遊んでいたら、周りから浮いてしまうかもしれませんが、私たちの教室では誰に遠慮することもなく、自分の脳力を発揮できます。できる子にとっては、それはとても心地良いことです。自分の能力の分だけ、先にどんどん進められることもプラスです。ほかの生徒の進み具合や、クラスの平均に合わせる必要はありませんから、授業がつまらないということはありません。

できる子はともすると、教室で浮いてしまうことがあります。そんな遠慮も、そろばん教室では必要ありません。

一方で、ここでなら挫折の経験をすることもできます。私はできる子ほど、挫折を味わってほしいと考えています。挫折の経験をしないまま大きくなると、その後あらゆる弊害が

生じてくるからです。

よくあるのが、中学受験合格後の挫折です。

それまでは、クラスでいつも一番で、地元では「神童」と呼ばれた子が、トップレベルの中学校へ入学すると、「普通の子」になってしまうことがあります。下手したら「落ちこぼれ」になる可能性さえあります。最初のテストで、今まで見たこともないような順位になって、立ち直れなくなってしまう子がいるのです。

そろばんを習っている子は、昇級試験や大会で自分よりすごい子はいくらでもいるということを、当たり前に感じていますから、中学入学後に初めて挫折するということがないのです。

またできる子というのは、どうしても天狗になってしまいます。他人の気持ちが分からなかったり、できない子の気持ちが分からなかったりするようでは、さまざまな人がいる社会において、理想的なリーダーになることはできません。弱い人を踏みにじるような行いができる人のなかには、負けた経験をもたない人、負けたことを他人のせいにし続ける環境にいた人が、一定数いるものです。

また、失敗の経験をせず天狗のままでいると、能力が伸びなくなってしまいます。ある程度高い能力があるのだからそれを磨けばいいのに、もっと才能を開花できるのに、「自分はいちばん」と思い込んでいるために、努力をしなくなってしまうのです。もっている能力を磨かなくなってしまうのは、非常にもったいないことです。そしてあっという間に、ほかの人に抜かされていきます。

教室に来れば、周りには優秀な人がたくさんいます。1級になっても、次には準初段、初段へと道が続いていて、能力を磨き続けることができます。それがそろばんのいいところです。そろばんの学習には、始まりはあっても終わりはないのです。

子どもから大人まで、多様性を認め合う

商業高校の生徒で、3級を取らないと卒業できないという理由で、やってくる子がいま

す。周りの園児や小学生にしてみたら、高校生のお兄さんは憧れです。しかし、自分は1級の練習をしているのに、大きなお兄さんは3級のテキストを練習しています。

ある幼稚園児の男の子は、高校生が来るのをずっと待っていて、いつもあえてそのお兄さんの隣に座っていました。そしておもむろに1級のテキストを出します。「高校生に勝った！」と思えることがうれしいのだと思います。高校生も負けていられませんから、お互い無言で取り組んでいました。

学校では学年が1つ違うだけで、ずいぶんと年下扱いされるものですが、そろばんはフラットです。飛び級ができるということもあり、自分ができればどんどん進んでいくことができます。年齢と実力は関係ないということが、当たり前に分かるようになります。

このような異世代同士との関わりはとても大事です。日本ではまだあまり一般的ではありませんが、オランダなど欧米の国々では、異年齢の子どもが同じクラスで学ぶ学校がたくさんあります。

日本の学校でも、交流を促すために1年生と6年生の教室を隣同士にするといったものをはじめ、さまざまな試みが進められてはいます。何も手を打たなければ、自分とは異なる年齢の人との交流がないまま大人になってしまう可能性があるからです。そして多くの子が、社会人になってから年齢の違う人たちとのコミュニケーションに苦労することになります。

特に現在は、「年齢での区別はよくない」という風潮があり、先輩・後輩でも「タメ語」を使うということもあります。このこと自体はいいのですが、この学生時代と社会におけるギャップがすさまじいために問題となるのです。

自分と同じ年齢、同じ地域、同じ学力の人とだけ接していると、感覚が似通ってきてしまいます。それは好きな曲や好きな本、好きなアニメだけでなく、善悪の判断も似てくるものです。自然と「自分がいいと思うことは、周りもいいと思っている」と感じるようになります。社会に出て、「50歳の人は、そうは思わない」ということを知って、ショックを受けることもあるわけです。

また、上下関係の基礎がないことで、ストレスを感じることが増えます。敬語で話すのも難しいし、電話を受けるのもかけるのも嫌がり、同質のコミュニティから投げ出されて初めて、その場に恐怖を感じるようになる人もいます。

フラットな社会になってきたのはいいことです。しかし、同じ年齢、出身、言語のなかで閉じこもって生きていると、圧倒的に社会経験が不足します。すると「小さな子を助けよう」「年上の人を敬おう」といった当たり前のことが分からなくなってしまうのです。

いしど式の生徒の最高齢は、なんと80代後半です。70代の娘さんと一緒に通ってきてくれています。脳トレ代わりに利用してくださっているのです。認知症予防には手作業がいいといわれますが、小さな珠を弾くそろばんが、まさに指先の訓練になるわけです。その人は、子どもと一緒のクラスで練習をしています。隣におむつも外れていない子が座っているのを見ると、なんだかほほえましいですし、そろばんの幅の広さを感じます。

さらに、そろばん教室には、異年齢の関わりもあります。1年生だからここまで、ということもありません。試験の合格基準に達すれば昇級できます。教室の中には、さまざまな年齢の子がいます。そのなかで「小さい子は騒ぐけど、大目に見てあげよう」「大きいお兄さんが優しくしてくれたから、自分もそうしよう」といった当たり前の人間関係がつくられていくのです。

第5章

受験に合格、仕事で成功、海外で活躍!
〝いしど式そろばん〟で能力を引き出せば
輝かしい将来が待っている

そろばんは受験にも役立つ

そろばんは受験にも役立ちます。計算力や算数・数学の力は、もちろんですが、もう一つの大きな要素は集中力です。

卒業生に行った集中力に関するアンケートでは、次のような回答が寄せられました。

・一つのことに対して集中して取り組めるようになった。
・集中力が身につき、テスト勉強は前日の追い込みでいい点数が取れていた!
・そろばんで鍛えた集中力は勉強をするうえでの武器となった。
・中学高校の定期テストなどの勉強をするときに集中力を発揮し、短時間で集中して勉強することができたのでは。
・得意な科目は英語で、英単語や熟語などはすぐに覚えることができる。そろばんで鍛えられた集中力や記憶力が関係している。

また「自分で集中力のスイッチを入れられる」という声も寄せられました。これは、受験勉強をするうえで大きな武器となります。

保護者からの「忘れ物も多く、いつもボーッとしていてケアレスミスが多かったが、励まし褒めて伸ばしてもらった」といった感想からは、そもそも集中することが苦手だった子が集中できるようになった様子が浮かび上がります。

受験において大きなアドバンテージだと感じるのは、「場慣れ」「試験慣れ」です。共通テスト本番の入試では、場の空気にのまれてしまう子が少なくありません。確かに、ニュースで映し出される光景を見るだけでも、その張り詰めた様子に心がキュッとするものです。そろばん大会もシンとしたなかで一斉に紙をめくってスタートします。あとは自分との勝負です。最初は緊張して実力を発揮することができなかった子でも、だんだん慣れて最初のときとは比べ物にならないほどリラックスして大会に臨むことができるようになります。そして、本番ではこれまで培った集中力を生かせるようになるのです。

また、入試の時間は限られていますから、時間制限があるなかで問題を解く練習を続けてきたことも、大きなプラスになります。そろばんをしてきた子は時間の感覚も鋭く、「10分あるなら、この問題」「5分しかないから、こっちだけ」のように、適切に問題の取捨選択ができるようになります。残り時間に慌てないメンタルがすでに出来上がっていることも、大きなプラスです。

また、いうまでもなく計算が速いため、他の人よりも思考する時間を多くもつことができます。近年、思考力を重視する問題が増えていますが、実は思考する時間をかせぐのは、基本的な計算力なのです。

また、何度も大会に出ている子は、本番で自分のベストの状態をつくり上げることにも慣れています。直前に無理をし過ぎず、体調を整えることが自分でできるようになれば、親もムダに慌てなくてすみます。大学受験までに本番の試験を経験した回数が、そろばんをやっている子は格段に多くなります。そろばんで身につけた能力以外のところ、場慣れ、試験慣れが、良い結果を生んでくれるのです。

そろばんでつけた力が仕事に役立つ

大野哲弥先生は、子どもの頃から「石戸珠算学園」でそろばんを学んできました。段位保有者、暗算世界大会で優勝の実績を保持しています。いしど式そろばんの創立50周年記念祝賀会の余興で、大野先生が「フラッシュ暗算」を披露しています。パーティー運営の実行委員からの要望は、「余興性をもたせるために、歌を歌いながら暗算をする」という内容でした。

「計算×〇〇」という方法は、イシドの余興でよく使われます。単に計算するのではつまらないので、おしゃべりをしたり、歌ったりと、何かをしながら計算をするのです。こういった遊びは、イシドでは日常的に行われています。

これは、数字を左脳で言語的に認識しているとできないことです。珠算式暗算は右脳を使って数字をイメージして行っているため、珠算式暗算を習得していれば誰だってできるようになるのです。

・歌いながら計算しているときの、思考や身体感覚は？

大野先生によると、歌いながら計算することは、歯磨きしながらテレビを見たり、新聞を読んだりするような感覚だといいます。

暗算をするときにはまず先に「絵」が浮かび、頭の中にある「とうめいそろばん」の珠で計算をします。その次に、記憶を強化するために、とうめいそろばんで見たものを数字に置き換えて復唱するのが大野先生のやり方です。

ただ、車の運転をしながらだと、うまくいかないことがあるそうです。

暗算といっても、例えばすれ違う対向車のナンバープレートにある「25—31」といった数字を目にした瞬間、2つの数字を掛け算して775という答えを出すことくらいは問題ありません。こうした単発の瞬間的な計算のことではなく、例えば8桁以上の大きな数字を次々に重ねて計算を続けているような場合、その過程で不意に現れた車に意識をとられると、それまでに築き上げていたイメージがその中断によって飛んでしまう、ということだと思います。

運転をするときには、視覚で得た画像情報を脳で処理するために、同じく画像処理である「とうめいそろばん」による暗算とイメージ上の衝突が起こるのだと思います。大野先生も運転と暗算を一緒にしようとすると、「意識が分裂する」と言います。

・そろばんができる人「あるある」とは何か？

そろばんができる人の「あるある」を大野先生に聞いてみました。その一つは「何でも数値化すること」だと言います。浮かんだ考えや疑問を数字でとらえ、自分なりの答えを持つようにしているのです。計算においては、常に4、5桁までは正確に把握して7、8桁の数についても、感覚としてとらえられる範疇にあるといいます。実感をもって考えられる範囲が、企業の部門の数値や不動産の購入時の数値にまで広がっているということです。

一般の人が「この野菜は高い」「このTシャツはお得だ」と思えるのと同じ感覚で、「業績が悪化している」「この不動産は高い」など、桁の多い数字でも実感をもって扱うことができるということです。

このほか、「判断の切り替えが速い」という点も挙げられます。これはさまざまな選択肢を、残された時間やリソースのなかで考えるためだといいます。例えば不測の事態が起こり、仕事でも何でも手掛けていることがうまくいかない場合、リカバリーのために奮闘するのか、中止するかの決断を迫られた場合、中止を選ぶ判断が速いのだそうです。周囲からは諦めが速いと見えるかもしれませんが、これは実はさまざまなシミュレーションを瞬時にしている結果なのです。誰しも不測の事態が起きた場合のことをある程度考えていますす。しかし、そろばんをしている人は、そのパターンの数と思考回数が人より多いため判断が速いのだそうです。

また、「珠算（いわゆるプリント練習）」で「素早く文字を読み取る能力」が培われることで、自分に必要な情報だけを瞬時に取捨選択できるといいます。役所から配られるような文字がぎっしり書かれた書類でも、さっと目を通しただけで重要なポイントをつかむことができます。

これは速読とは異なり、自分に必要な情報だけを、たくさんの情報のなかから抽出し、しかも抽出作業は絵で行っていると大野先生は言います。また文字だけでなく、人の話を一言一句漏らさずに聞き取る能力もあるそうです。これはそろばんの「読上種目」で鍛えられたと大野先生は分析しています。

・大人になって感じる、そろばんのメリット

「そろばんの評価で、生きてこられた」と大野先生は言います。そろばんで優勝できるとうれしいし、大会に繰り返し参加し結果を出していくなかで周囲の人からも認められ、自分が成長していくのを感じられたようです。

また、上には上がいることを知ることで、謙虚にもなれたといいます。社会人になって、

「そろばんって本当にすばらしい習い事だなあ」と感じているとのことです。そろばんを通じて培われる力は、この目まぐるしく変わりゆく世の中を渡り歩くための武器になっていることは、間違いありません。

最後に大野先生はこのように語っています。

「かつて『そろばんの本当の良さは二十歳を超えてから分かる』という言葉を残したそろばんの選手がいました。教える者としても、選手としても、そう思います。そろばんを学ぶ人にとって、そろばんは自信の源泉であり、ヒーローになれる武器です。そろばんを極めた人は、大人になったときに、折れない強い心をもっています。そんな人を一人でも増やしたいと思っています」

プログラミング、英語の土台をつくる

卒業生の活躍を見ていると、そろばんはプログラミングの土台をつくることに寄与して

いるようです。

プログラミングというのは、コンピューターを動かすために数字や記号を並べたものです。プログラマーは、1桁、2桁の数字を電卓で計算することはなく、頭の中で計算しながら、どんどんコードを書いていくのだといいます。そのとき、そろばんの暗算力が生きるのだそうです。大人になってからそろばんを習いに来る人のなかに、プログラマーがいるのはそのためです。「コードを書きながら、縦24、横12、それを2倍にする……というのをとっさにできるだけで、コードを書く速さが変わる」と言います。電卓を使わずにすめば、両手をパソコンから離さずに作業をし続けることができ、処理速度は圧倒的に速くなります。

英語の勉強にも大きなプラスに

記憶力の良さは、英語の勉強にも大きなプラスとなります。

2020年からの小学校の英語必修化に伴い、子どもたちが目にする英単語は激増しています。小学校で約700語、旧版の教科書で1200語だった中学校の新出単語は、実に1600〜1800語にものぼり、英単語の暗記をしきれずに、英語嫌いの生徒が増えているのです。それだけでなく、扱う文法事項も増えています。英語の授業についていくためには、暗記力は必須です。

また、英語がかなり得意な人であっても、数字が苦手という人は多くいるものです。

日本語が「一、万、億、兆」と4桁ごとに単位が変わるのと違い、英語は「one（1）、thousand（千）、million（100万）、billion（10億）、trillion（1兆）」と3桁ごとに読み方が変わります。

そろばんには、「英語読み上げ算」という種目があります。例えば英語で読み上げられた数字を足していくのですが、billionを超えてtrillionが混ざってくると、聞き取るのが難しいという人はけっこう多いのです。

ただ慣れてしまうと、英語のほうが早く手がつけられます。なぜなら日本語の数字は「1234万」なのか「1234億」なのか、4桁を聞き終えないと計算ができません。どこから計算していいのか分からないのです。しかし英語なら、「123 thousand」なのか

「123 million」なのか、3桁聞けば分かります。これが「英語のほうが早く手がつけられる」という理由です。

子どもたちが言うには、英語読み上げ算を習っておけば、million（１００万）くらいの桁なら英語で言われてもそのまま計算できるといいます。これは英会話とは別のスキルで、会話が得意でも、このような桁数の大きい英語の数字を思い浮かべられない人は多いと思います。

また、英語読み上げ算の大会では、日本人、アメリカ人、オーストラリア人、フランス人、インド人など、さまざまな国の人が読み上げを担当します。各国の英語の発音に慣れるだけでなく、日本人に難しいth、r、lなどの聞き取りも慣れるようになります。また、読み方がとにかく速いのです。ですから、thirteen（13）とthirty（30）など、聞き取りにくい数字もあります。これにもだんだん慣れてくるものです。

数字を通じて、世界のいろいろな英語に触れることができます。言語を学ぶというのは、こういうことなのではないかと感じています。

ＳＴＥＭ教育への関心は高まるばかり

Science（科学）、Technology（技術）、Engineering（工学）、Mathematics（数学）の４つの分野に重心をおいたＳＴＥＭ教育が、近年注目を浴びています。実際、アメリカではこの傾向は２０１０年代半ばから加速しており、これらの分野の学位取得者数の大幅アップを目指しています。

日本においてもこの言葉は一般的になり、なんとなくではあっても「やっぱり理系に行ったほうがいいよね」という雰囲気が、保護者の間にもあるようです。この傾向は、しばらく変わらないと思います。

習い事を選ぶ際、理系的なものをと考える保護者が増えています。そろばんが選ばれるようになってきたのも、将来理系の道に進んでほしいという保護者の気持ちが根底にあるのかもしれません。

実際、算数や数学への抵抗がまったくなかったため、理系に進んだという子どももいます。少なくともそろばんを習っておけば、理系に行きたかったけれど、数学ができなかったから諦めた、ということにはなりません。将来の選択肢を広げておくことができるのです。

そろばん教室から、大学院、研究者へと夢はひろがっていきます。

海外へもひろがるそろばん（ポーランド・グアテマラのそろばん教室）

そろばんは今、海外へも広がっています。

2023年現在、いしど式の教室は、ドイツ、ポーランド、ルーマニア、アラブ首長国連邦（UAE）、グアテマラ、モンゴルへと広がっています。ドイツ、グアテマラには日本人の先生がいますが、その他の国ではポーランドのカロル・シェンコフスキー先生やアネタ・グルチネク先生、ルーマニアのアンドレア・マテイ先生、UAEのロドリゴ・バスケス先生、グアテマラのキラ・リクスティン・デ・アブレウ先生、モンゴルのドルジ・ネルグイ先生など海外出身の先生たちが「珠算教師資格」（全国珠算連盟）を取得しています。

日本を含むアジア圏では、電卓の出現によってそろばんはいったん下火となりましたが、今、再びブームになっています。東南アジアの国々のGDPが伸び、生活に余裕ができ、子どもの教育にお金をかけられるようになってきたのです。そこで、そろばんが候補として挙がってきています。

アメリカでは、州によっては公立の学校で取り入れているところがあります。グアムの米軍基地の小学校では、そろばんを教えているという話を聞いたこともあります。計算力や暗算力のアップのためではなく、数の概念を理解するためです。また、南米のブラジルなど日系人の多いところには、そろばん塾があります。

日本でもそろばんは見直されつつありますが、世界でもそろばん熱は高まりつつあるのです。この先、世界大会での競争はさらに厳しくなることが予想されますが、それはそろばんが世界へと広まっている証拠でもあります。

暗算の世界大会に参加する人は、やはりそろばんで基礎を築いている人が多いです。そろばんはもともと中国から派生したものなので、中国、韓国、台湾、シンガポールなどの国・地域には一般的にそろばん教室があるからです。インドでも、そろばんをする人は増えているようです。インドにはインド式の計算方法があるのですが、世界大会に参加している選手にはそろばんが土台になっている人が多いと感じています。

私たちの教室で研鑽を積んだ生徒や先生たちも、2年に一度行われる世界大会に参加しています。暗算を種目としており、全世界から集まった選手がそれぞれの得意なスタイルで世界一を競います。

Mental Calculation World Cup 2022は、2022年7月16日、ドイツのパーダーボルン市で開催され、世界17カ国の予選を勝ち抜いた35人の選手が暗算世界一をかけて勝負に挑みました。

種目は4つの通常競技「足し算」「掛け算」「平方根」「カレンダー計算」に加えて、「2022年5月に発表された特別課題」、そして「競技中に発表された5つのサプライズ課題」の合計10です。

制限時間内に正確に解答するだけでなく、即興で解答方法を編み出す思考力と瞬発力が求められるのがこの大会の面白いところです。

この大会にいしど式で教える大野哲弥先生と比嘉直人先生が参加し、Most Versatile Calculator（最も多才な暗算者に贈られる賞、特別課題における高位得点者）、およびAddition（個人競技暗算部門）の双方において大野先生が世界1位、比嘉先生が2位というすばらしい成績をおさめました。総合順位においては、大野先生が2位を獲得しています。

大野先生は自身も生徒として6歳からいしどに在籍しており、いしどとともに歩んだ道が、世界へとつながったのです。

また、同じくいしどの先生である小笠原尚良先生は、２０１２年Mental Calculation World Cupにおいて日本人として初めて総合優勝を獲得し、この実績により同年11月、トルコのアンタルヤで行われた暗算・記憶力を競う4年に一度のオリンピック大会に特別招待されました。この大会でも小笠原先生は、10種目の競技のうち2種目で優勝を勝ち取りました。

活躍しているのは、先生だけではありません。2016年にドイツのビーレフェルトで行われた世界大会では、「石戸珠算学園」の卒業生が、1位と2位を獲得しています。その2年後の2018年、同じくドイツのヴォルフスブルクにて開催された大会には中学生3人が出場し、総合第1位、第2位を獲得しています。

3歳でそろばんをスタートした天才ゴルフ少女

3歳からそろばんを始めた須藤弥勒選手は、現在は段位を取得する腕前です。「暗算も得意になり、ピンまでの残りの距離の計算がすぐにできるので、ゴルフにとても役立っています」と話します。そろばんを通じ、パターでの集中力や18ラウンドを回る忍耐力、世界に挑戦する精神力を鍛えるために、忙しいゴルフ練習の合間をぬって現在もそろばんの学習を続けています。長く暗算などをしていないと、ゴルフのパターにも影響が出てくるとのことです。今回、父の憲一さんに詳しく「そろばん×ゴルフ」について話を聞いてみました。

――須藤弥勒さんはジュニアゴルフ界で史上初のグランドスラムを達成し、偉業を成し遂げたのちも活躍を続けています。弥勒さんとゴルフとの出合いを教えてください。

須藤憲一さん（以下、須藤）：弥勒が1歳半のとき、私が研究のために滞在していたミャンマーから日本に帰国しました。何かスポーツをさせたいと思って、室内でできるものをとおもちゃのゴルフクラブを渡したのです。すると、なんと一度も空振りをしませんでした。構え方や打ち方を見ても、とても初めてとは思えませんでしたし、ボールをきれいに取り、スパッとフィニッシュを決めていました。「まだおむつをしているのに、これは天才なのではないか」と、本格的にゴルフを始めることを決意したのです。

――憲一さんは弥勒さんを応援するため、キャリアチェンジまでされたと聞きました。

須藤：東京大学の大学院を出たあと、10年ぐらい大学で研究職に就いていました。弥勒のゴルフの才能を見いだしたあとは、大学を辞め、彼女の練習をサポートするためにゴルフ場に勤務しています。弥勒の練習に付き添うことは私の喜びですし、家族を支えることにつながる。後悔はまったくしていません。

――大学ではどのような研究をされていたのですか。

須藤：仏教です。余談ですが、弥勒の名前も私の研究に由来しています。〝飛び抜けた存在になってほしい〟という思いを込めて長男の名は桃太郎とつけたのですが、長女の名前をどうしようと考えたとき、ワンアンドオンリーの名前をと思い、弥勒菩薩から名前をいただきました。私の実家が寺ということもあります。ちなみに次男の名前は文殊です。

――ご家族の仲がとても良いとうかがっています。

須藤：そうですね。ただ、練習のために離ればなれになる時間も多いのが現実です。自宅からゴルフ場まで車で3時間かかりますから、週の半分はゴルフ場近くに滞在しています。

弥勒がこの生活を始めたのは小学校1年生のときです。まだ母親と一緒にいたい時期なのに、精神力がすさまじいなと思いました。

そろばんのおかげでパターも理論的に打てるように

——そろばんはどのようにして始められたのですか。

須藤：妻がそろばんの経験者で、「子どもたちには絶対にそろばんをやらせたい」という強い思いがあったのです。私自身もそろばんの経験がありましたから、やらせるのは大賛成でした。桃太郎も弥勒も、3歳からそろばんを始めています。桃太郎に至っては、満足に字も書けないうちからそろばんを始めました。文殊もそろばんをやっています。

——そろばんはどのようにゴルフに活かされているのでしょうか。

須藤：弥勒はパターで知られるようになりましたが、そろばんのおかげで「比重×スピード」の計算が自然にできるようになったようです。感覚で打つのではなく、計算に基づいて打つのです。これが小学校2、3年生ですでにできるようになりました。また、これは3人の子どもを見ていて思うのですが、集中できる「ゾーン」にパッと切り替えられるのです。有名なプロゴルファーのジャック・ニクラウスは、プレー中の集中力がすさまじく、帽子が飛んでいったことに気づかなかったというエピソードがあります。実は弥勒も、同じことが今まで何回もありました。

——それはすごいですね。海外の選手に比べてどうでしょうか。

須藤：そろばんをやっていない海外の選手と比べて、集中力ももちろんですが忍耐力も違うと思っています。海外の選手は9ホールで集中力が切れてしまうようなのですが、弥勒はびくともしません。あとになればなるほど、弥勒の持ち前の強さが発揮できるのです。

いしど式は右脳を鍛えることを掲げていますが、弥勒の暗算を見ていると、普通の人とは違うところで脳が動いている感じを見て取ることができます。学校の勉強では身につかない力がついているように思います。

——そろばんは指先を使うので、脳の発達を促すといわれています。

須藤：そうなのでしょうね。海外で暗算をすると「ヒューマン・カリキュレーターだ！」などとよく褒められます。私は昔、研究でインドに行ったことがあるのですが、経済的に貧しいなか、インドの人々が学校でものすごい暗算をしているのを見たことがあります。今やたくさんのインド人がシリコンバレーで働いているでしょう。まさに人材こそが資源。国力が低下するなか、シークレット・ウェポンがそろばんなのではと思っています。

そろばんはまさに「万能薬」

――弥勒さんはほかにどのような勉強をしているのですか。

須藤：英語、書道、ピアノ、水泳をやっています。乗馬もやっていたのですが、落馬するとゴルフに支障が出るので途中でやめました。そろばんの塾に通うのに2時間ぐらいかかるのですが、以前は基本的に週5日通っていました。よく、中学校受験のためにそろばんをやめてしまう子がいるようなのですが、本当にもったいないと思います。弥勒はゴルフを休む日はあっても、そろばんを休む日はありません。合理主義者の私が弥勒にそろばんをやらせているのは、それだけの効果があるからです。一度ゴルフが忙しくてそろばんを休んだときがあるのですが、パターを感覚で打つようになってしまい、慌ててそろばんを復活させたことがあります。

――そう言ってもらえるとうれしいです。30人程度の限られた人数ですが、卒業生へアンケートを取ったところ、平均で偏差値68の高校に合格していたというデータが出ました。そろばんを続けることで単なる計算力だけではない力が身につくことを感じています。

須藤：そろばんはまさに「万能薬」です。そういう習い事はほかにないですね。ゴルフ以外では、そろばんを中心においています。

――弥勒さんの普段の日のスケジュールを教えてください。

須藤：自宅で過ごす日とゴルフ場近くで過ごす日では違うのですが、自宅にいるときは、5時に起床してすぐに勉強です。学校が8時過ぎから16時ぐらいまでで、その後そろばんの塾に行きます。帰宅するとシャワーを浴びて、パターの練習だけします。その後は勉強して就寝です。休みの日は、イベントがないときはずっと勉強をしています。ゴルフ場近くに滞在しているときは、体力づくりのため7時30分頃まで寝かせるようにしているのですが、起床後は漢字ドリルを2時間して、歴史人物や国旗、世界の首都を勉強できるような教材を使って、車の中などで行います。9時30分~10時頃から日没までゴルフ。宿舎に帰ったあとはパターの練習をし、夕ご飯を食べながら歴史のビデオを見ます。夕食後は勉強時間と自由時間です。

――かなりハードなスケジュールですね。

須藤：大変だとは思いますが、弥勒にはゴルフだけの人間になってほしくないと思っているのです。欧米は特にそうだと思うのですが、スポーツ選手でも学業と両立させていて、スポーツを引退したあとにほかの道に転身することもあるでしょう。ゴルフはもちろんですが、学業でも自信をつけてほしいと思っています。

子どもの得意や情熱を親がすくい上げれば自然に続けられる

――弥勒さんのモチベーションに、どう気を配っているのでしょうか。

須藤：燃え尽き症候群だけは気をつけています。ゴルフに限らず、小さい頃からスポーツなどをやらせている親には熱心な親が多いと思うのですが、弥勒には自分の人生を生きてほしいと思っています。これはよく批判されるのですが、弥勒はあまり試合に出させていません。というのも、試合があるとモチベーションが高まるのですが、こういうモチベーションというのは長続きしません。子どもならば、もって2年ぐらいでしょうか。モチベーションは、大きくアップダウンするよりも、下がらないように一定のレベルを維持することが大事だと思っています。勉強ももちろん同じです。

――「ゴルフなんてもう嫌だ！」となるようなときはありませんか？

須藤：ないですね。これは弥勒に限らず長男も次男もそうなのですが、子どもの〝好き〟や〝やりたい〟をうまく親がすくい上げてやると、子どもは続けるものです。本人のなかで「これでやっていくんだ」という覚悟が生まれるようです。どんな小さなことでも構いませんので、お母さん、お父さん方には子どもの得意や熱意を見つけてほしいと思います。

子どもには全員才能がありますが、才能を発揮できる分野に巡り合えれば、目をみはるような成果を出します。才能を活かせる分野を見つけられなかったり、親が無理矢理やらせたりするようだと、不幸な結果を生みます。

――何か一つの得意分野を見つけるというのは大事ですね。

須藤：長男は、三国志の武将を覚えるのが得意です。あるとき褒めたら、ものすごくマニアックな武将の名前を覚えてくるようになりました。本当に小さなことでいいと思います。

いしど式は、大会やコンクールなどがたくさんあるでしょう。あれはとてもいいと思いますね。子どもの励みになりますし、いい成績が出せると自信につながります。子どもも飽きません。

——そろばんも、古き良きという点を改めるべき時期に来ているかもしれません。子育てで特に気をつけていることは何でしょうか。

須藤：情報処理能力を身につけさせることです。この30年間だけでも、コンピューターが発達して人類の文明がまったく変わりました。これからものすごいスピードで変わり続けていくことでしょう。それに遅れずについていくには、情報処理能力が何よりも大切です。そろばんをやらせることで、間違いなく情報処理能力がついていると思っています。

——最後に、そろばんとゴルフの関係について、感じておられることがありましたら一言お願いします。

須藤：３歳のときから、集中力と計算力を上げるために、ゴルフと同じぐらい真剣にそろばんをやらせてきました。私は、そろばんがあったからこそ、今の弥勒があったのだと確信しています。反対にそろばんの学習がなければ、今の弥勒はなかったかもしれません。それほど、そろばんとゴルフの結びつきは強いと感じています。

――貴重なお話をありがとうございました。そろばんに携わる者として、弥勒選手の活躍を心から応援しております。

プロフィール
須藤弥勒（すとう・みろく）
２０１１年8月6日、群馬県生まれ。2歳からゴルフを始め、２０１７年、18年に最年少で世界ジュニアゴルフ連覇。２０１９年にマレーシア世界選手権、２０２１年にキッズ世界選手権を制する。さらに２０２２年6月にジュニア欧州選手権で優勝し、ジュニアゴルフ界で史上初のグランドスラムを達成した。家族は人文科学・宗教学の分野で東京大学大学院をはじめ海外の複数の国で学位をもつ父の憲一さん、元ピアニスト・フィギュアスケート選手である母・みゆきさん、兄・桃太郎さん、弟・文殊くん。

おわりに

冷蔵庫を買うなら、大きいものを。

これは私が保護者の方に伝えていることです。冷蔵庫は家に一つしか置けません。小さいものを買ったがために、せっかく手に入れた食材が入らない、ということがあります。ぎゅうぎゅうに詰め込んだら、どこに何が入っているかも分かりません。気がつけば、奥にあったキャベツが腐っているなんてこともあります。これでは、おいしい料理はつくれそうにありません。では大きいものに買い替えようかといっても、それも面倒なことです。結局「不便だな」と思いながら、この小さな冷蔵庫を使い続けることになるのです。

保護者のなかには、突然何の話だといぶかる人もいますが、つまり、この冷蔵庫を脳に置き換えて考えてみてください、という話です。

脳の容量が最初から大きければ、増え続ける知識をどんどんストックしておくことができます。余裕がありますから、冷蔵庫の中でぐちゃぐちゃになったり、行方不明になったり、取り出せなくなったりすることもありません。いつも新鮮にいろいろなものを、それに適した方法で貯蔵することができるのです。

パソコンであれば、外付けハードディスクを買ったり、クラウドに保存したりすればいいですが、私たちの脳はそういうわけにはいきません。単体として勝負するしかないのです。それなら最初から「余裕のある状態」にしておけばいいはずです。そう、大きな冷蔵庫にすればいいのです。

それができるのが、そろばんなのです。

本書では、そろばんが子どもの計算力や算数・数学力の向上だけでなく、能力開発に役立つということをお話ししてきました。特に脳の発達、イメージを司る右脳の発達を促し、記憶力が飛躍的に高まることもお伝えしました。たくさんの知識をインプットできるということは、それを使って新しいアイデアを生み出すことができます。新たなアイデアがゼロから生まれることはほとんどありません。たいていは今あるものの新しい組み合わせです。知識のストックが多ければ多いほど、組み合わせのバリエーションは増えることになります。冷蔵庫に新鮮で多彩な食材が十分な量入っていたら、新たに料理をしようという気持ちも湧いてくるはずです。同時に脳の余裕は、決断力にもつながっていきます。知識が多ければ、分析も比較的スムーズに行うことができます。さまざまなシミュレーションが短時間で行えれば、決断のスピードはアップします。

そろばんで育むことができるのは、脳の容量の大きさだけではありません。集中する能力、すぐに結果が出なくても続けられる忍耐力も育ちます。このような力は、長い人生のなかで学び続け、働き続けるために必要とされるものです。身につけることが難しいといわれる非認知能力は、そろばんの学習を通して手に入れることができるものです。

皆さんも身に染みて感じられていることだと思いますが、現代社会はとても忙しいものです。保護者の皆さんであれば、育児だけでなく、仕事、家事、周りの人々とのお付き合いなど、しなければならないことはたくさんあります。それに加えて、資格試験の勉強や英会話をとなると、勉強に充てられる時間はそれほど多くはありません。勉強の時間がほとんどとれずに本番に臨むということもあるでしょう。また、趣味の時間をできるだけ長く確保したい人もいるでしょう。

そろばんを習っている子は、要領のいい子が多くいます。

「宿題なんて、家でやったことないよ」「出された瞬間に、終わらせてるよ」というのが、決して特別なことではないのです。

卒業生も同じです。会議中にメモを取りながら要点整理をして、すぐに「今日の議事録です」といって提出できます。会議は会議で過ごして、あとから数時間かけて議事録をまとめるのに残業……というようなことはありません。だから週末も、好きなように過ごせるのです。

集中して、しなければならないことを短時間で終わらせることができるというのは、勉強にせよ仕事にせよ、とても大切な能力です。そのように自分のすべきことをこなせたら、きっとほかの人の何倍も、人生の時間を自分の使いたいように使うことができるはずです。

そろばんに限らず、どんな習い事にも流行り廃りはあります。廃れたときに、完全になくなってあとに何も残らないものと、自分のなかに新しい能力となって残るものがあります。そろばんは後者です。

そろばんには、日本に渡来してから約500年の歴史があります。今までにも何度も消滅の危機がありました。例えば、明治時代に学制発布とともに西洋の計算方法が採用され、そろばんは学校で指導されないことになりました。しかし、西洋式の筆算よりもそろばんが優れている点が見直されるなど、再びそろばんによる計算指導も認められています。

また、中国から伝わった上珠が2個、下珠が5個のそろばんは、人々の生活様式の変化とともに形を変えています。現在の4つ珠そろばんは、十進法に対応したものであり、より効率よく計算するための改良など、歴史のなかでイノベーションを続けてきました。そろばんは、時代に応じて進化をしているのです。

私たちも、そうありたいと思っています。

どのような価値を提供できるか、時代の新しい考え方をどのように取り入れていくかを常に考えなくてはいけません。「古くて、良いもの」というだけではだめだからです。これまでの歴史のなかで進化をし続けてきたように、これからもそろばんは進化し続けなくてはなりません。そしてそろばんにはその力があります。

そろばんの大会を例に取れば、これまでと同じように計算だけをして順位を決めるのではなく、さまざまな工夫をしています。例えば逆さまで計算する、といったことも行われています。私は数字を斜めに書いて、問題を出したりもします。

こんなふうに、「なんだか楽しい」という部分も忘れないようにしています。楽しくなくては、続けることはできないからです。

そろばんのいいところは、「誰でもできる」というところです。

ここはスポーツとの大きな違いかもしれません。スポーツで食べていくためには、体格だったり、瞬発力だったり、ジャンプ力だったりといった、備わったものが必要です。そろばんには、そういった制約はありません。むしろ制約を取り除き、可能性を広げるのがそろばんだからです。

そろばんは脳の容量を広げてくれます。「大きい冷蔵庫」にしてくれます。もちろん、それを手に入れるまでのスピードに違いはあるかもしれません。しかし、時間がかかってもいいのです。1年かかっても、2年かかっても、3年かかっても、問題ありません。例えば2級から1級への昇級は、本当に個人差があります。すぐ取得できる人もいますが、3年～4年かけても、問題ありません。早く取ったから勝者というわけでもないのです。

そろばんの学習は、子どもの能力や心の成長を助けてくれます。子どもたちも保護者の方も、これまでなんとなく描いていた未来とは別の未来が、そろばんを始めればきっと見えてくるはずです。

【プロフィール】
沼田紀代美（ぬまたきよみ）

1969年生まれ。幼稚園や障がい児施設に勤務したのち、結婚を機に専業主婦となる。その後1998年12月、株式会社イシドに入社。複数の教室での勤務を経て、入社半年で教室長に就任。また、「インターネットそろばん学校」の開発責任者に就任するとともにフランチャイズ事業などにも携わる。働き方改革と女性活躍、IT化の促進による業務改善などの取り組みが評価され各種賞を受賞。2009年常務取締役就任、2011年代表取締役社長就任。

本書についての
ご意見・ご感想はコチラ

集中力　記憶力　創造力　判断力　忍耐力
子どもに習い事をさせるなら
そろばんからはじめなさい

2023年8月24日　第1刷発行

著　者　　沼田紀代美
発行人　　久保田貴幸

発行元　　株式会社 幻冬舎メディアコンサルティング
〒151-0051　東京都渋谷区千駄ヶ谷4-9-7
電話　03-5411-6440（編集）

発売元　　株式会社 幻冬舎
〒151-0051　東京都渋谷区千駄ヶ谷4-9-7
電話　03-5411-6222（営業）

印刷・製本　中央精版印刷株式会社
装　丁　　立石 愛

検印廃止

ISBN 978-4-344-94709-2 C0037
幻冬舎メディアコンサルティングＨＰ
https://www.gentosha-mc.com/